ÉLÉMENTS

DE

PHILOSOPHIE PHRÉNOLOGIQUE

PAR

H. SCOUTETTEN

Docteur et Professeur en médecine, Officier de la Légion-d'honneur,
Commandeur des ordres impériaux de Saint-Stanislas de Russie
et du Sultan Abdul-Medjid, décoré de la médaille de la Reine d'Angleterre,
Président honoraire de l'Académie impériale des sciences de Metz,
Membre correspondant de l'Académie impériale de médecine de Paris,
de l'Académie des sciences, lettres et inscriptions de Toulouse, de l'Académie
de Stanislas de Nancy, de la Société impériale des sciences, de l'agriculture
et des arts de Lille, des Académies et Sociétés savantes
de Berlin, Copenhague, Londres, Gênes, Wurtzbourg, Constantinople, etc.

METZ

Se vend chez M. ALCAN, libraire, rue de la Cathédrale
chez M. WARION, libraire, rue du Palais.

—

1861

ÉLÉMENTS

DE

PHILOSOPHIE PHRÉNOLOGIQUE

> Une science n'est vraiment utile que
> lorsqu'elle descend dans les esprits pour
> concourir au grand mouvement social.

PREMIÈRE CONFÉRENCE.

Lorsqu'on aborde un sujet controversé, il est difficile de ne point heurter des opinions, des croyances fermement arrêtées. Notre désir bien sincère est de ne blesser aucun sentiment, de n'attaquer aucun système; nous voulons exposer une doctrine en évitant toute discussion, en respectant toutes les pensées, quelque erronées qu'elles puissent nous paraître.

L'étude de la phrénologie présente de nombreuses difficultés; elle a trouvé des admirateurs enthousiastes et des adversaires passionnés; elle a provoqué les reproches les plus graves; elle a été accusée de conduire à l'athéisme, ou tout au moins au matérialisme et au fatalisme.

1

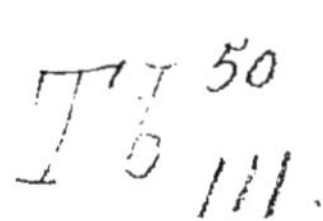

Nous espérons éviter ces exagérations; nous voulons faire de la science avec la modération que comporte la recherche de la vérité; lorsque des doutes s'élèveront, nous les énoncerons avec franchise, et ce que nous ignorerons, nous le déclarerons avec une entière sincérité.

Mais, avant d'aborder notre sujet, voyons si la phrénologie conduit au matérialisme : ce reproche n'est pas fondé. Prenons la définition de ce mot telle qu'elle nous est donnée par les philosophes et cherchons si elle peut nous être appliquée : *« L'homme est double, âme et corps, âme supérieure au corps par les facultés, par la destinée; telle est la croyance fondamentale du spiritualisme. Le vaste corps du monde, non plus, n'est pas tout le monde : au-dessus de lui il y a une âme invisible, maîtresse souveraine et parfaite de cet être aveugle et impuissant. Cette nouvelle croyance suit immédiatement de l'autre, et, comme elle, fait les spiritualistes. Le philosophe qui admet ces deux dogmes est un spiritualiste parfait; celui qui les rejette tous les deux est un parfait matérialiste; et, entre ces deux doctrines extrêmes, nettement opposées, se placent les philosophes inconséquents qui admettent l'âme sans Dieu, ou Dieu sans l'âme humaine[1]. »*

Cette définition nous convient, nous l'acceptons sans réserve et nous regarderions comme une inconséquence qui toucherait à l'aveuglement si nous méconnaissions la puissance et la sagesse infinie du créateur des mondes, si nous ne considérions pas Dieu en dehors de ce qui

---

[1] *Dictionnaire des sciences philosophiques,* tome 4, page 134, article matérialisme.

existe et supérieur à tout ce qui est créé; nous n'admettons pas le panthéisme, car nous ne croyons point que Dieu et la nature forment une seule unité dans laquelle l'artiste et l'œuvre se trouvent confondus.

Nous sommes donc spiritualiste, car nous croyons au Dieu puissant, à l'âme du monde et à l'âme individuelle; nous n'admettons pas que la matière pense par elle-même, mais nous ne croyons pas non plus que l'âme produise ses manifestations sans l'intermédiaire de la matière. Ne pouvant pas étudier l'âme elle-même, il faut bien que nous nous bornions à connaître les instruments dont elle se sert. Tous les philosophes ont partagé ce sentiment; aucun d'eux n'a prétendu, si on en excepte cependant quelque illuminé, notamment Albert le Grand, qui a vu l'âme, séparée du corps, se mouvoir d'un lieu dans un autre (*Dictionnaire des sciences philosophiques*, article Albert, page 47). Aucun d'eux, disons-nous, n'a prétendu que le corps était inutile à l'âme. Proclus a résumé cette pensée en disant : « L'homme est une âme qui se sert d'un corps » *(anima utens corpore)*. Définition empruntée d'ailleurs à Platon et à Plotin, et qui a été renouvelée avec un grand bonheur d'expressions par un philosophe spiritualiste frrnçais, de Bonald, qui définit l'âme : « Une intelligence servie par des organes. »

Nous ne rechercherons point ce que l'antiquité entendait par le mot âme; nous ne discuterons pas la valeur des cinq espèces d'âme admises par Aristote; nous n'examinerons pas si le cœur, le foie ou les entrailles peuvent être le siége des passions : la science a fait justice depuis longtemps de ces erreurs, et nous nous bornerons à croire avec le vulgaire que l'homme ne peut sentir, penser et agir sans la participation du cerveau.

Nous devons donc admettre comme base de notre raisonnement que le cerveau est l'instrument indispensable à la manifestation de la pensée; que le cerveau doit être considéré comme un instrument matériel sous la dépendance d'un principe immatériel, principe qui est l'âme, dont la nature sans doute nous est inconnue, mais que nous tenons comme une émanation de la Divinité.

Mais il ne suffit pas d'admettre que le cerveau est indispensable à la manifestation de la pensée, il faut rechercher si le cerveau agit comme un seul organe, si les fonctions qui lui sont dévolues sont le résultat de l'activité de sa masse entière, ou si, selon l'opinion de Gall et des phrénologistes, la masse cérébrale est formée de plusieurs organes auxquels sont départies des fonctions diverses.

L'investigation ne doit pas s'arrêter à l'homme pris isolément, il faut rechercher si les animaux qui l'entourent n'ont point certaines conformations organiques qui peuvent expliquer les dispositions instinctives appartenant à quelques classes et qui font, par exemple, que tous les animaux carnivores ont une conformation de tête qui les distingue facilement, et à première vue, de la conformation des animaux herbivores.

Ces recherches ont été faites avec un grand soin et elles ont démontré que le nombre des instincts ou des facultés augmente et croît en puissance à mesure que le cerveau acquiert du développement dans des régions que la science est parvenue à déterminer; d'où il résulte

que, par l'addition successive de certaines parties de la
substance cérébrale, on peut dresser une échelle qui,
partant des classes inférieures de l'animalité, s'élève jusqu'au type le plus parfait de l'espèce humaine.

Ces remarques acquièrent une nouvelle force lorsqu'on
considère que tous les hommes diffèrent entre eux par
leurs aptitudes et leurs facultés, et qu'en outre on voit
un même individu acquérir des aptitudes et des facultés
qui naissent, progressent ou s'affaiblissent selon l'âge,
les conditions d'activité, de santé ou de maladie. Or, la
nature immatérielle de l'âme ne pouvant être supposée
sujette à l'affaiblissement ou à la maladie, il faut bien
rapporter aux organes qui la servent la régularité ou
l'irrégularité des fonctions.

C'est au docteur Gall que revient l'honneur d'avoir
démontré que le cerveau n'est pas une masse identique
dans toutes ses parties; qu'il est au contraire composé
d'organes spéciaux qui le portent à accomplir ou à manifester certains actes instinctifs ou intellectuels. Telle
est la base de la phrénologie; c'est la seule doctrine qui
permette d'expliquer la variété des caractères, des instincts, des aptitudes, la puissance ou la faiblesse de l'intelligence; c'est la seule encore qui révèle les causes de
la supériorité de l'homme sur tous les êtres de la création, en démontrant que Dieu l'a doué d'organes qui le
conduisent à la morale, en le faisant juge de ses propres
actes, et au sentiment religieux, en l'étonnant par les
merveilles de sa puissance infinie.

Quant au reproche de fatalisme, il ne peut pas se sou-
tenir un instant, lorsqu'on considère que la phrénologie

admet en principe la liberté morale, qu'elle montre l'homme, lorsqu'il est doué de l'intégrité de ses facultés, réfléchissant sans cesse sur ses impressions, ne se déterminant à agir qu'après avoir porté un jugement, combattant les impulsions instinctives pour obéir à l'influence de la raison, faculté que l'instruction développe et fortifie.

Cette science de la phrénologie, sujette à tant de préventions et d'injustes attaques, est, pour ainsi dire, un sentiment inné. Sans nous en douter, nous faisons tous de la phrénologie. Ne disons-nous pas chaque jour : voici une belle tête, cet homme doit avoir de l'intelligence ; ou bien c'est une tête sans cervelle, c'est un idiot. On pourrait presque dire que Gall n'a fait que développer, systématiser une croyance générale ; toutefois il y a loin, bien loin, d'une idée vague, confuse, sans preuves scientifiques, à une démonstration précise et sévère. Aussi, avant de nous engager dans les détails d'un système philosophique qui doit faire l'objet de nos études, il n'est pas sans intérêt d'en indiquer l'origine, les progrès et les principaux travaux qui ont concouru à son développement.

Le docteur Gall naquit en 1758, à Tiefenbrunn, grand-duché de Bade, d'une famille peu fortunée. Dès sa plus tendre jeunesse il vécut au sein de sa famille, composée de plusieurs frères et sœurs, et au milieu d'un grand nombre de camarades et de condisciples. Chacun de ces individus avait un talent, un penchant, une faculté qui le distinguait des autres. Cette diversité détermina leur indifférence, leur aversion ou leur affection réciproque. « Nous jugeâmes bientôt, dit Gall, qui, parmi nous, était vertueux ou enclin au vice, modeste ou fier, franc ou dissimulé, véridique ou menteur, paisible ou querelleur, bon ou méchant, etc.; chacun de nous se signalait par son caractère propre, et je n'observais jamais que celui qui, une année, avait été un camarade fourbe et déloyal, devint l'année d'après un ami sûr et fidèle. »

L'esprit observateur de Gall lui fit faire bientôt d'autres remarques : il s'aperçut que les condisciples qu'il avait le plus à redouter étaient ceux qui apprenaient par cœur avec une si grande facilité que, lorsqu'on faisait des examens ils lui enlevaient assez souvent la place qu'il avait méritée par ses compositions.

Ayant changé plusieurs fois de séjour, il eut le malheur de rencontrer encore des élèves doués d'une grande mémoire, et ce ne fut pas sans étonnement qu'il reconnut que ces derniers ressemblaient, par de gros yeux saillants, à ses premiers condisciples qui l'avaient tant de fois désespéré par leur grande facilité à apprendre leur leçon.

« Rien n'était plus amusant, ainsi que le dit fort justement un de ses élèves, que le docteur Gall racontant lui-même, dans ses cours, quels moments de tristesse, de chagrin, d'ennui, il eut à dévorer, au temps de ses études, de la part de ceux à qui la nature avait accordé ces gros yeux qui l'avaient poursuivi de collége en collége. Cependant ce furent ces mêmes douleurs, ces mêmes chagrins qui devaient être pour lui l'occasion des observations et des méditations auxquelles il faut rapporter l'origine de la phrénologie[1].

---

[1] Le docteur Bailly, de Blois. — Voir le *Musée des Familles;* janvier 1834.

Gall quitta l'Allemagne pour venir en France terminer ses études à l'Université de Strasbourg. Ses observations premières furent bientôt confirmées par de nouveaux faits : c'est alors qu'il commença à soupçonner qu'il devait exister une connexion entre cette conformation des yeux et la facilité d'apprendre par cœur. Pendant longtemps Gall continua ses recherches comme il les avait commencées, poussé seulement par son penchant à l'observation et à la réflexion ; il recueillit ainsi, durant plusieurs années, tout ce que le hasard lui offrit. Ce ne fut qu'après avoir cumulé une masse de faits analogues entre eux, qu'il se sentit en état de les ranger par ordre et qu'il en aperçut successivement les résultats.

En 1781 Gall partit de Strasbourg pour aller à Vienne, en Autriche. Il y commença l'étude de la médecine, et apprit qu'on ignorait, à cette époque, l'organisation et les fonctions du cerveau. Il se rappela alors ses premières observations, et il soupçonna, ce qu'il ne tarda pas à porter jusqu'à l'évidence, que la différence de la forme des têtes est occasionnée par la différence de la forme des cerveaux.

Dès ce moment, Gall conçut l'espoir de fonder une physiologie du cerveau et de se mettre en état de déter-miner le rapport existant entre les facultés morales et in-tellectuelles et l'organisme. Aussitôt il commence une collection de bustes, moulés en plâtre, des hommes doués d'inclinations et de talents distingués. Il recueille des crânes d'hommes et d'animaux et cherche à déduire, des rapports et des différences qu'ils présentent entre eux, les qualités ou les mauvais penchants des individus auxquels ils avaient appartenus : ses premiers essais ne furent pas heureux.

Encore pénétré de la division des facultés intellectuelles établies par les écoles de philosophie, il voulut trouver dans la forme générale de la tête les signes qui annoncent l'attention, la mémoire, le jugement, l'imagination, etc.

Ces recherches infructueuses lui montrèrent bientôt qu'il était dans une mauvaise voie.

Un jour, on lui apprit qu'une demoiselle avait une mémoire excellente, qu'elle se souvenait d'un concert entier, et qu'en rentrant chez elle, elle pouvait répéter tous les airs qu'elle avait entendus : cette demoiselle, cependant, n'avait pas les yeux saillants. Presque dans le même instant on fit voir à Gall une autre demoiselle qui avait la plus grande facilité à reconnaître les personnes, lors même qu'elle ne les avait aperçues qu'une seule fois : cette demoiselle ne présentait pas non plus une saillie notable des yeux. Peu de temps après, un mendiant interrogé par Gall, lui avoue que son orgueil l'a réduit à la mendicité ; que, dès son enfance, se croyant supérieur aux autres hommes, il n'avait rien voulu apprendre. Le sommet de la tête de cet homme était très-saillant, configuration remarquable chez tous ceux qui se signalent par leur orgueil.

Gall comprit aussitôt, par ces exemples, qu'il fallait abandonner toutes les idées philosophiques qu'il avait puisées dans les écoles; que ce n'était plus l'ensemble de la tête qu'il fallait étudier, mais bien les diverses formes que chacune de ses parties peut offrir. Gall revint au langage vulgaire, et il ne tarda pas à reconnaître combien sont justes ces expressions : Tel est né poète, musicien, calculateur, peintre, etc.

Placé sur cette route, Gall s'anime d'un nouveau zèle : il examine successivement la tête des musiciens, des poètes, des mécaniciens, des mathématiciens, des peintres, en un mot de tous les artistes célèbres doués d'un grand talent naturel. Il recherche également les personnes remarquables dans le monde par un penchant bien déterminé ; il fait une collection, moulée en plâtre, de crânes appartenant à des individus braves, poltrons, rusés, voleurs, bons, méchants, circonspects, étourdis, fiers, orgueilleux, vains, etc. Il visite les prisons et se fait montrer les meurtriers, les voleurs, les faussaires, les incendiaires, etc. Il recueille des faits nombreux dans les écoles et les grands établissements d'éducation, dans les maisons d'orphelins et d'enfants trouvés, dans les maisons de correction, dans les hospices de fous. Enfin, il fait d'innombrables recherches sur les suicidés, sur les imbéciles, les aliénés et toutes les altérations des facultés intellectuelles. C'est ainsi que Gall accumula, pour fonder sa doctrine, une réunion de preuves telle que jamais aucun homme n'en eut de semblable à sa disposition pour établir le système le mieux accepté.

Jusqu'ici Gall n'avait employé que des moyens physiognomoniques pour découvrir les fonctions du cerveau. Mais la physiologie est incomplète, souvent fausse, sans l'étude de l'anatomie ; Gall le sentait et il se livrait à des recherches multipliées pour arriver enfin à fournir la preuve irrécusable de la solidité de son système, lorsque le hasard vint lui offrir une occasion favorable. Une femme hydrocéphale se présenta pour réclamer ses soins. Dans cette maladie, le cerveau renferme une quantité d'eau quelquefois considérable et donne à la tête un volume énorme. Cette femme avait conservé presque toutes ses facultés intellectuelles, circonstance remarquable et qui était en désaccord avec l'opinion des médecins qui, à cette époque, croyaient que dans l'hydrocéphalie il y avait dissolution de la substance du cerveau.

Gall comprit l'importance du fait qui se présentait à son observation ; il offrit à cette femme de la traiter, de la nourrir et de fournir à tous les besoins de son existence si elle consentait à lui livrer, après sa mort, le moyen de vérifier ses présomptions ou plutôt sa découverte. Cette femme accepte et, par testament notarié, elle lègue sa tête à Gall. La malade vécut jusqu'à cinquante-quatre ans et ne mourut que plusieurs années après avoir contracté ce singulier engagement.

Les recherches anatomiques furent faites avec le plus grand soin ; le cerveau contenait environ 4 litres d'eau, et Gall vit avec une satisfaction indicible la justesse de ses prévisions se vérifier pleinement. Le cerveau, en effet, n'offrait aucune trace de destruction ; les fibres s'étaient écartées sans se rompre, elles formaient une véritable poche membraneuse.

Gall fut reçu docteur à Vienne en 1785 ; ses talents, ses qualités personnelles lui méritèrent l'affection et l'estime des célèbres médecins Van Swietten et Stoll. En 1796 il ouvrit à Vienne des cours particuliers sur sa doctrine, qui fut accueillie et se propagea rapidement.

En 1798, dans une lettre au baron de Retzer, chef de la censure impériale de Vienne, il donna un aperçu de ses recherches et de son opinion. Pendant cinq ans Gall continua à faire des cours, mais, le 9 janvier 1802, il reçut du gouvernement autrichien l'ordre de cesser ses leçons comme dangereuses pour la religion. Cette défense ne fit que stimuler la curiosité du public ; mais Gall, fatigué des tracasseries et des accusations sourdes dont il était l'objet, quitta Vienne le 6 mars 1805, en compagnie du docteur Spurzheim, l'un de ses élèves, qui plus tard devint son collaborateur et l'un des plus actifs propagateurs de sa doctrine. Ils parcoururent ensemble, l'un comme maître, l'autre comme démonstrateur de la nouvelle science, le nord de l'Europe, la Prusse, la Saxe, la Suède, la Hollande, la Bavière, la Suisse, et ils arrivèrent à Paris au commencement de novembre 1807. Pendant ce voyage, Gall avait reçu partout des témoignages d'estime et d'admiration ; les savants les plus distingués de l'Allemagne, des princes et des rois assistèrent à ses leçons ; le roi et la reine de Prusse, le roi de Bavière, le roi de Wurtemberg, le grand-duc de Baden, le prince royal de Danemarck, etc., furent ses auditeurs assidus.

Dès son arrivée à Paris, Gall ouvrit un cours public à l'Athénée. Les savants français l'écoutèrent avec le même intérêt que les savants de l'Allemagne. Le médecin de l'Empereur, Corvisart, était un de ses plus enthousiastes admirateurs. Mais Napoléon Ier n'aimait pas ce qu'il appelait les idéologues. Dès lors, beaucoup d'écrivains publièrent, dans le *Journal de l'Empire* et dans la plupart des petits journaux de Paris une foule de plaisanteries tendant à discréditer la *cranioscopie*.

Depuis son arrivée à Paris, en 1807, Gall ne quitta plus la capitale, et le duc Decazes, alors ministre, et dont il était le médecin, lui fit obtenir des lettres de naturalisation par ordonnance du roi, en date du 29 novembre 1819.

Gall vécut jusqu'à soixante-dix ans; il mourut à Montrouge, le 22 août 1828. Un jour, avant de quitter Paris pour se rendre à sa campagne, il fit promettre au docteur Fossati, en présence du baron de Schrœder, premier conseiller d'ambassade de Russie, et de plusieurs personnes de sa famille, de préparer sa tête après sa mort, pour la déposer dans sa collection; cette recommandation fut renouvelée plus tard en présence du professeur Broussais, et s'adressant à celui-ci, il lui dit : « J'espère que vous serez persuadé maintenant que j'ai réellement foi dans mes doctrines. » On le lui promit, et l'engagement fut rigoureusement observé. Le gouvernement français acheta de la veuve de l'illustre phrénologue, moyennant une pension de 1200 francs, l'intéressante collection de têtes et les préparations diverses qui formaient le cabinet du professeur.

Le principal disciple de Gall, animé de la même conviction que son maître, quitta Paris au mois de mars 1814 pour se rendre en Angleterre. Les principes de la science nouvelle, exposés avec talent par cet habile médecin, furent reçus avec un empressement qui faisait contraste avec le dédain de la France. Les savants, les philosophes, les hommes du monde, examinèrent avec convenance et

sévérité les faits qu'on leur soumettait et les conséquences qu'on voulait en déduire, et bientôt, convaincus
par la solidité et la multiplicité des preuves qui leur
étaient présentées, ils embrassèrent avec enthousiasme une
doctrine qui leur offrait une voie nouvelle pour arriver
à l'amélioration intellectuelle et morale de l'homme.

Spurzheim, encouragé par ses succès, parcourut les
principales villes de la Grande-Bretagne, de l'Écosse et de
l'Irlande ; partout ses efforts reçurent les mêmes encouragements. Bientôt les partisans de la nouvelle doctrine
devinrent assez nombreux pour se réunir et former des
sociétés phrénologiques, notamment à Londres et à
Édimbourg.

En 1826, le vice-chancelier de l'Université de Cam-
bridge mit à la disposition de Spurzheim une des salles
destinées aux cours publics. Là, il eut pour auditeurs des
hommes d'un grand nom et de la plus haute influence
dans l'Université.

Plus tard, en 1834, le ministre du commerce de
France, voulant connaître les progrès de la phrénologie
en Angleterre, demanda le chiffre des sociétés établies
dans le royaume : elles étaient alors au nombre de vingt-
huit, possédant toutes de riches collections formées de
plusieurs milliers de têtes d'hommes de toutes les nations
et d'animaux de toutes les espèces.

Spurzheim revint en France ; il y séjourna plusieurs
années, dévouant sa vie à l'œuvre philosophique qu'il
avait entreprise ; ses travaux donnèrent naissance à plusieurs ouvrages qu'il publia, soit en français, soit en
anglais ; ils contribuèrent au développement de la doc-

trine et lui donnèrent un caractère plus philosophique qu'elle n'avait eu jusqu'alors.

Spurzheim, fatigué des obstacles que rencontraient les vérités qu'il défendait, quitta de nouveau la France au commencement de l'année 1832 pour se rendre en Amérique; il y reçut l'accueil le plus honorable et le plus encourageant; les succès les plus brillants récompensèrent promptement son zèle; et, de même qu'en Angleterre, des sociétés phrénologiques se formèrent dans les principales villes des États-Unis, notamment à Washington. Spurzheim forma de nombreux disciples, parmi lesquels il faut surtout citer M. Caldwell; mais une mort trop prompte enleva malheureusement ce savant à la science et à l'humanité; il succomba le 10 novembre 1832, à Boston, victime de son courageux prosélytisme. La description des funérailles de cet homme de bien atteste tout à la fois de la haute considération qu'il s'était acquise et de la reconnaissance, profondément sentie, des citoyens pour lesquels il s'était dévoué.

L'Italie n'est point restée étrangère aux progrès de la phrénologie : le professeur Uccelli, de Florence, a contribué à répandre la connaissance de cette science, et il a eu les honneurs de la persécution pour avoir publié, dans un ouvrage d'anatomie et de physiologie comparées, un extrait des travaux de Gall. A Milan, M. Molossi et plusieurs autres savants s'occupent, avec zèle, à propager la doctrine phrénologique, et tout récemment les journaux nous ont signalé la visite d'un habile phrénologue à l'illustre général qui vit en philosophe dans l'île de Caprera.

Ce n'est, pour ainsi dire, qu'après avoir fait le tour

du monde que la phrénologie revint en France, grandie par une expérience immense et appuyée de l'assentiment des hommes les plus éclairés.

Sans se laisser arrêter par l'interdit que les passions ou l'ignorance avait jeté sur les travaux de Gall, Georget, médecin et philosophe, osa se proclamer le défenseur des vérités nouvelles ; Georget, connu par son esprit droit et consciencieux, réveilla l'attention des hommes que n'arrêtaient point des prétentions ridicules ou des antécédents trop prononcés. La doctrine de Gall fut soumise à un examen nouveau, et l'on vit bientôt l'admiration succéder au discrédit le plus complet.

En 1831 une société phrénologique s'établit à Paris ; les philosophes, les artistes, les médecins, les philanthropes les plus éclairés s'empressèrent de faire partie de cette réunion. Un journal créé sous ses auspices parut en 1832 ; chaque année une séance publique signalait les travaux des membres les plus actifs ; pendant longtemps cette société reçut du gouvernement des encouragements flatteurs.

En 1835, M. Vimont fit paraître son grand ouvrage de phrénologie humaine et comparée, travail immense qui exigea pendant plusieurs années de laborieuses recherches et le sacrifice de sa fortune ; ce travail, véritable monument élevé à la phrénologie, renferme deux mille têtes d'hommes ou d'animaux lithographiées avec le plus grand soin. Mais cette science allait bientôt recevoir une impulsion nouvelle par les leçons du professeur Broussais ; son cours fut ouvert à Paris, le 11 avril 1836, dans le grand amphithéâtre de l'École de médecine ; il fut suivi par une

multitude de savants et d'hommes de la plus haute dis-
tinction, et il donna naissance à un ouvrage d'une importance capitale.

La mort de Broussais ralentit le zèle de ses disciples ;
aussi les adversaires de la doctrine phrénologique s'em-
pressèrent-ils de déclarer que la phrénologie se mourait,
qu'elle était morte. Mais en 1848 elle se réveille de nouveau, soutenue et propagée par un homme qui, bien qu'il
ne soit pas médecin, est un praticien des plus habiles et
des plus sagaces. M. Béraud, qui depuis longtemps faisait des applications phrénologiques, publia un livre et,
peu de temps après, un journal intitulé la *Phrénologie*.
En 1859, M. Béraud vint à Metz, et il se soumit avec
empressement à une expérience hasardeuse, mais qui
devait avoir de l'éclat si le succès répondait à sa conviction. Invité à se rendre au pénitencier militaire, on lui
fit connaître, à son arrivée, que parmi les trois cents dé-
tenus renfermés dans l'établissement, il en était un qui
avait été condamné pour viol ; là, en présence d'un grand
nombre de spectateurs, le livre d'écrou indiquant les
motifs de la punition étant apporté, M. Béraud se livre
à ses investigations et le criminel cherché est découvert.

Déjà Gall s'était soumis à des épreuves de même nature ; il révéla admirablement sa sagacité lors des visites
qu'il fit, en 1805, dans les prisons de Berlin et de Span-
dau[1]. Plus tard des expériences du même genre furent

[1] La relation de cette visite fut d'abord donnée par un journal
de Berlin ; elle a été reproduite en entier dans l'ouvrage du docteur Demangeon et dans l'édition de Lavater, de 1835, t. 2, p. 58.

répétées en Angleterre par M. Combe, sur les aliénés de Richemont, et par le docteur Voisin, au bagne de Toulon.

Nous ne devons pas oublier de citer le nom du docteur Fossati, qui, pendant un voyage en Italie, dans les années 1824 et 1825, fit, dans les universités et les villes capitales, des leçons sur la phrénologie et l'anatomie du cerveau. De retour à Paris, sous la restauration, il obtint, du conseil de l'Université et du Ministre de l'instruction publique, la première autorisation qu'on ait accordée de faire un cours de phrénologie. Il contribua à fonder la Société phrénologique de Paris, et il en fut nommé le président.

Les adversaires de la doctrine de Gall se sont longtemps servi de l'arme de la plaisanterie pour combattre les faits sur lesquels il appuyait ses convictions; le succès ne répondit point à leur attente; on lui reprochait d'exposer une science qui n'était pas faite et qui prêtait trop à la critique. Il fut facile de démontrer que ce défaut est celui de toutes les sciences, même de celles réputées les plus exactes; il n'est point donné à l'homme d'atteindre, d'un seul coup, les dernières limites de la vérité. La chimie, la physique, l'astronomie, ont eu des débuts incertains, erronés, et chaque jour de nouvelles découvertes viennent renverser ce qu'on considérait la veille comme une vérité définitivement acquise.

Deux savants éminents se sont surtout signalés par leur opposition à la doctrine de Gall; le premier en date est le docteur Lélut; rien n'échappe à sa critique, si ce n'est cependant les travaux anatomiques sur le cerveau, qu'il considère, de même que Cuvier, comme un monument

scientifique d'une grande valeur. Quant à l'originalité de
la découverte, il la conteste formellement ; il en trouve
l'idée première dans une foule d'auteurs qu'il cite, depuis
Némésius, évêque, qui vivait en Syrie à la fin du quatrième siècle et qui ne se doutait guère qu'on lui ferait
un jour l'honneur d'avoir imaginé la phrénologie, jusqu'à Bernard Gordon, qui était professeur à Montpellier
en 1285 [1], Colombo [2], Willis, et une foule d'autres. Il n'y
a vraiment que Bonnet (Charles) [3] qui ait émis des opinions
qui se rapprochent de celles de Gall, mais sur un point
seulement ; il faisait dépendre les modifications que la
partie spirituelle de l'homme éprouve aux différents
âges des changements correspondants qui surviennent au
cerveau. Les autres arguments s'appuient sur certaines
contradictions que M. Lélut croit apercevoir entre les
opinions des phrénologistes, et il en prend prétexte pour
tout rejeter.

Le livre de M. Flourens, *Examen de la phrénologie,*
ne contient que cent quatre pages in-12 ; on est étonné,
en le lisant, de ne trouver aucun fait nouveau, aucun
argument décisif ; l'illustre secrétaire de l'Académie des
sciences cite souvent Descartes, il lui dédie son livre, et

---

[1] V. Affectus præter naturam curandi methodus, et un second
ouvrage publié en 1305 : Lilium medicinæ de morborum prope
omnium curatione.

[2] Realdi Columbi cremonensis. — De re anatomicâ, lib. XV,
Venetiis, 1559, in-fol. — Colombo ne consacre pas dix lignes à
l'étude des esprits animaux qu'il place dans les troisième et quatrième ventricules.

[3] *Palingénésie philosophique.* Genève, 1769, deux volumes in-8°,
et *Essai de psycologie,* 1754.

il termine la préface de l'édition de 1842 par ces mots : *J'écris contre une mauvaise philosophie, et je rappelle la bonne.* Ces mots lui ont paru suffisants pour accabler la phrénologie.

Toutefois, s'il est impossible de contester à Gall le mérite de l'invention de sa doctrine, il faut reconnaître que plusieurs observateurs distingués avaient reconnu l'influence du développement du cerveau sur la manifestation de l'intelligence. Camper [1] avait découvert l'angle facial, et Daubenton appuyait ses observations sur la position du trou occipital; Cabanis [2] fondait une nouvelle philosophie, basée sur les conditions physiques de l'organisme; il lut à l'Institut une série de mémoires concernant l'influence de l'âge, des sexes, des tempéraments et des maladies sur la formation des idées et des affections morales; mémoires qui firent grande sensation et furent accueillis avec la plus haute faveur.

Porta [3], célèbre physicien napolitain, véritable fondateur de la physiognomonie, comprit aussi l'importance de la conformation de la tête sur la manifestation de l'intelligence; il y joignit, il est vrai, une foule de signes tirés des autres parties du corps, révélant partout l'indice des rapports du physique et du moral. Porta fut le pré-

---

[1] *Dissertation sur les variétés naturelles qui caractérisent la physionomie des hommes, etc.*, traduit du hollandais par H. J. Jansen. Paris, 1791, in-4º.

[2] *Rapports du physique et du moral de l'homme,* deux volumes in-8º. Paris, troisième édition, 1815.

[3] *De humanâ physiognomiâ.* Sorrento, 1586, in-folio. — Voir aussi un extrait qui se trouve dans l'ouvrage de Lavater, édition de 1835, tome 9.

décesseur de Lavater, mais ce dernier poussa beaucoup
plus loin que ses devanciers l'analyse des traits de la
physionomie : sa doctrine a fait grande sensation, elle
conserve encore beaucoup de partisans ; il en est qui la
prétendent supérieure à celle de Gall, c'est une erreur
qu'il est nécessaire de démontrer. Mais revenons d'abord
à Camper, dont les recherches ont trait plus directement
au développement du cerveau.

Camper n'a point de système de philosophie ; il est ana-
tomisté et physiologiste ; il découvrit un moyen d'apprécier les différences caractéristiques des races humaines
par l'intersection de deux lignes, l'une horizontale, allant
de la mâchoire supérieure au trou de l'oreille ; l'autre, plus
ou moins rapprochée de la verticale, se dirigeant depuis
la saillie du front jusqu'à la mâchoire supérieure. L'angle
que forment ces deux lignes porte le nom d'*angle facial*,
moyen de mensuration auquel on a donné le nom de son
auteur. Camper ne voulait d'abord indiquer, par le plus ou
moins grand degré d'ouverture de cet angle, que l'expression de la beauté physique, dont le type, pour lui, était
réalisé dans la statuaire grecque. Mais plus tard on fit
l'application de l'angle facial aux différents animaux, et on
s'en servit pour calculer le volume du cerveau et juger
par là du degré d'intelligence de chacun d'eux. Plus cet
angle est aigu, plus le cerveau de l'animal est petit, plus
son intelligence est obtuse. L'homme possède un grand
cerveau, et, dans l'espèce humaine, l'européen est le
mieux partagé ; chez les Européens, l'angle facial est de
80 à 85 degrés ; chez les Mogols, de 75 degrés ; chez les
Nègres, de 70 à 72 degrés ; celui de l'orang-outang est

de 58 à 60 degrés; celui de l'Apollon du Belvédère a plus
de 90 degrés. Plus l'on descend dans l'échelle animale,
plus l'angle devient aigu; mais hâtons-nous de le dire,
quelqu'ingénieux que soit le procédé de Camper, il ne
peut, en aucune manière, révéler les facultés de l'homme
et des animaux; il est évident, en effet, qu'en ne tenant
compte que de la partie antérieure du cerveau, on né-
glige les parties latérales et postérieure qui sont le
siége, comme nous le verrons plus tard, d'organes instinctifs très-puissants. Malgré l'insuffisance du moyen, il
faut constater que c'était un pas utile fait pour arriver à
la démonstration des rapports de l'encéphale avec les facultés intellectuelles.

Le système physiognomonique de Lavater mérite également notre attention, il repose sur l'expression des
traits de la face et de certaines attitudes du corps; il a
été défendu avec chaleur par des partisans nombreux,
et très-souvent on entend déclarer par des hommes distingués qu'ils sont plus disposés à croire à la physiognomonie qu'à la phrénologie; étudions donc rapidement le
système de Lavater, et cherchons à bien établir en quoi
il diffère de celui de Gall.

Lavater fait entrer dans l'étude de la physiognomonie
toutes les parties du visage et même toutes les parties du
corps; les attitudes, les gestes, le son de la voix, le caractère même de l'écriture; enfin, tout ce qui, dans l'extérieur de l'homme, peut avoir une signification ou un
langage. Lavater jugeait souvent au premier regard, il
interrogeait avec la vue, il rapportait tout à la physionomie
et ne mêlait à ses recherches aucune donnée d'anatomie

ou de physiologie ; il découvrit ou crut découvrir dans la forme du front, la disposition des yeux ou des sourcils, une faculté, un talent ou un vice, mais il n'essaya point de trouver la cause matérielle, organique de cette faculté ou de ce vice. Lavater, esprit fin et subtil, prompt à l'enthousiasme, était plus porté aux exaltations pieuses qu'aux déductions sévères de la philosophie ; il aurait été alarmé à la pensée d'une doctrine qui pourrait rapporter à des causes physiques des phénomènes et des événements que ses croyances religieuses attribuaient à d'autres lois ou à d'autres causes. Malgré cette tendance métaphysique, Lavater ne pouvait méconnaître l'influence du développement de la tête sur la manifestation de la pensée, il a rendu ce sentiment de la manière la plus sensible, en établissant un tableau qui montre le progrès successif de l'intelligence en partant de la grenouille jusqu'à l'Apollon du Belvédère ; tableau curieux, que nous reproduisons par le dessin et qui démontre que c'est surtout à mesure que le front se développe que le signe de l'intelligence de l'homme se manifeste.

Gall suit des voies tout opposées à celles de Lavater ; il n'écoute point ses impressions pour juger un homme ; il étudie, il analyse la conformation de sa tête ; il cherche à connaître l'intérieur avant d'apprécier l'extérieur ; les recherches anatomiques sont la base de ses jugements ; il rassemble des faits, il les compare, il en tire des déductions d'une grande portée, parce que ces faits se rattachent à l'organisation de l'homme ; c'est ainsi qu'il a pu créer une doctrine qui, un jour, lorsque les principes en seront bien compris, exercera l'influence la plus heureuse sur l'éducation maternelle, la direction de l'enseignement, sur le choix d'une profession, sur la législation, le régime des prisons, enfin sur tout ce qui touche à l'intelligence et à la moralité de l'espèce humaine.

Je termine, Messieurs, en faisant des vœux pour que cet aperçu rapide, nécessairement très-incomplet, vous fasse entrevoir l'importance d'une science qui possède des faits innombrables, qui a eu pour défenseurs des savants du plus haut mérite, et bien qu'elle rencontre encore des adversaires, nous paraît digne de l'examen des hommes impartiaux, sincèrement amis de la vérité.

METZ. — IMP. F. BLANC.

TABLEAU INDIQUANT LE DÉVELOPPEMENT PROGRESSIF DE LA TÊTE

depuis la Grenouille jusqu'à l'Apollon du belvédère

par G. LAVATER.

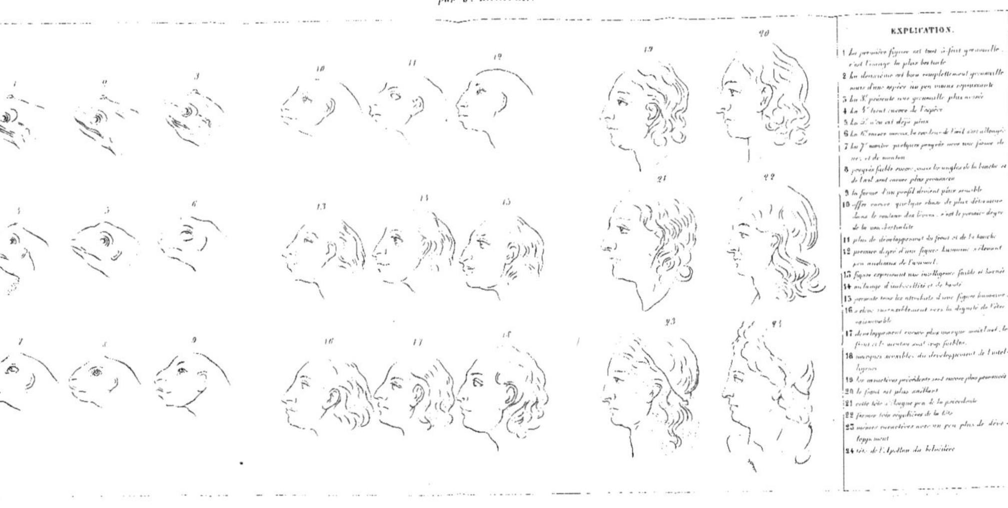

METZ. — IMP. F. BLANC.

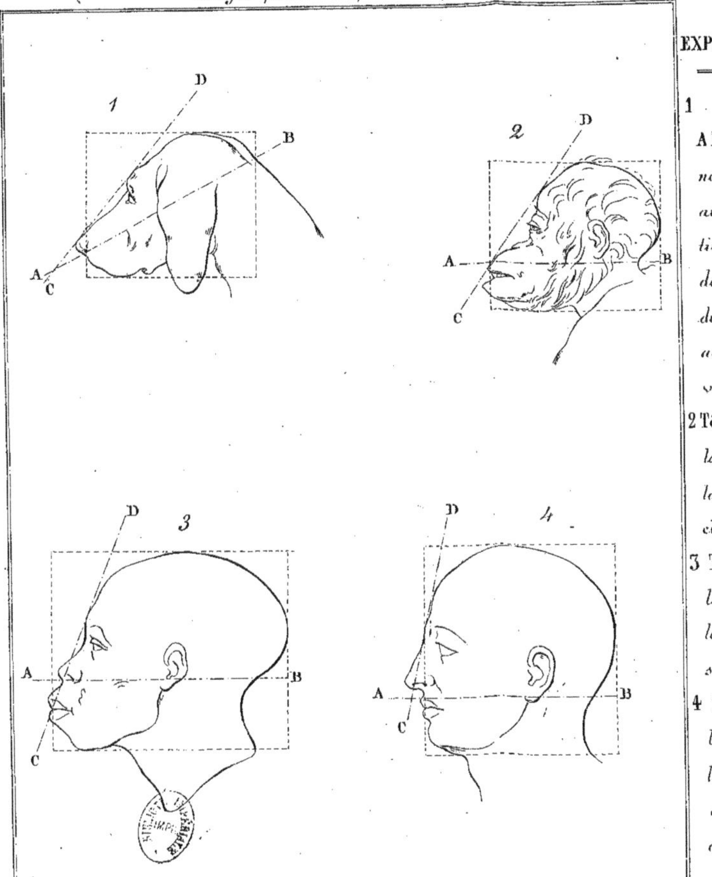

EXPLICATION de la PLANCHE.

1 Tête de Chien.

AB *ligne prise au bas du nez et passant sous le trou auditif.* C D *ligne faciale tirée du point de jonction des dents, le long du nez et du front. Cette ligne forme avec A et B un angle de vingt cinq degrés.*

2 Tête d'un jeune Orang-Outang. *la ligne* A B *forme avec la ligne* C D *un angle de cinquante huit degrés.*

3 Tête d'un jeune Nègre. *la ligne* A B *forme avec la ligne* C D *un angle de soixante-dix degrés.*

4 Tête d'un jeune Européen. *la ligne* A B *forme avec la ligne* C D *un angle de quatre-vingt cinq degrés.*

DEUXIÈME CONFÉRENCE.

Nous avons tracé rapidement, dans notre première conférence, l'historique de la phrénologie; nous avons vu son origine, ses progrès en Allemagne, en France, en Angleterre, en Amérique; nous avons signalé les travaux de ses partisans et de ses adversaires, et, pour fournir à nos auditeurs des éléments d'étude et les arguments des contradicteurs, nous avons établi une bibliographie qui servira à combler les lacunes que le temps ne nous a pas permis de faire disparaître.

Avant d'aborder l'étude des organes auxquels se rattachent les facultés intellectuelles, les sentiments moraux et les instincts, nous allons, aujourd'hui, rappeler brièvement l'histoire de la philosophie: cette esquisse sera très-incomplète, sans doute; nous espérons cependant qu'elle suffira pour faire comprendre la marche et le développement de cette science, pour signaler son influence sur les progrès de l'esprit humain, sur la morale, la civilisation et le sentiment religieux.

La philosophie est la science des principes. Platon la définissait : *La science des choses divines et humaines ainsi que de leurs causes.*

La philosophie, en effet, est l'ensemble des idées

premières, c'est la vérité dans son expression la plus complète, la plus élevée. Il n'y a point de science sans principe ; toutes les fois que les principes manquent vous n'avez plus que des faits ; quelque nombreux qu'ils soient, quelque importants qu'ils puissent être, ils n'auront qu'une valeur secondaire si la loi qui les explique vous échappe. Que seraient l'astronomie sans l'attraction, la chimie sans l'affinité, l'histoire sans la loi du progrès, les arts sans le sentiment du beau? Aussi partout où il y a une science il y a un principe philosophique ; vous avez la philosophie du droit, la philosophie morale, la philosophie de l'histoire, la philosophie des mathématiques et même la philosophie de l'anatomie[1] ; tant il est vrai que tout se tient, s'enchaîne et se rapporte à des principes qui expliquent les faits et les tiennent sous leur dépendance.

Née du besoin de connaître et de se rendre compte, la philosophie est aussi ancienne que l'esprit humain lui-même. On la trouve en Orient, surtout dans l'Inde, aux époques les plus reculées. Six siècles au moins avant l'ère chrétienne, Kapila exposait un système philosophique qui a fait l'étonnement des savants modernes[2].

---

[1] Geoffroy Saint-Hilaire, *Philosophie anatomique ;* 2 vol. in-8°. Paris, 1818-1823.

[2] Voir *Transactions de la Société asiatique de Londres,* de 1824 à 1827 ; — les extraits donnés par M. Abel-Rémusat dans le *Journal des savants,* décembre 1825, avril 1824, mars et juillet 1828, et un article de M. Burnouf fils, dans le *Journal asiatique,* mars 1825 ; — *Essais sur la philosophie des Hindous,* par H. T. Colebrooke, traduits de l'anglais par G. Pauthier. In-8°. Paris, 1833. — *Études orientales,* par Ad. Franck ; un vol. in-8°, Paris, 1861.

En Chine, Confucius, Meng-Tseu [1], ont proclamé la morale la plus élevée qui, jusqu'alors, eût été enseignée aux hommes.

La Grèce brille par les génies éminents auxquels elle donne naissance : Thalès, Pythagore, Socrate, Platon, Aristote, Zénon, etc., forment des écoles qui cherchent à résoudre, chacune à leur manière, les grands problèmes de la science. Toutes ces écoles, différant d'opinions, se combattent, s'accusent d'erreurs. Après une lutte qui dura des siècles, la doctrine d'Aristote triompha ; elle domina les esprits, les croyances ; elle régna avec despotisme ; l'audacieux qui osait douter de l'infaillibilité d'Aristote devait s'attendre à la persécution, aux condamnations sévères et même à la mort [2].

C'est de l'*Organon* et du platonisme que sortit, au onzième siècle, toute la question du *nominalisme* et du *réalisme* [3] ; question brûlante qui souleva les plus ardentes passions,

---

[1] L'ouvrage de Meng-Tseu a été traduit en français par G. Pauthier. Paris, 1841. In-12.

[2] En 1629, sous le règne de Louis XIII, un arrêt du Parlement défendit, sous peine de mort, d'attaquer le système d'Aristote.

[3] *Réalisme.* — Cette doctrine philosophique admettait que les idées générales existent réellement ; telles sont l'étendue, le beau en général, l'animal en général, etc.; elle eut pour principaux défenseurs : Anselme de Cantorbery, Guillaume de Champeaux, saint Thomas, etc.

La doctrine *nominaliste* soutenait qu'il n'y a de réel que les objets ayant une existence déterminée ; que les idées générales ne sont que des conceptions de l'esprit ; qu'on ne peut pas avoir une idée nette de l'étendue ; qu'il n'y a que des animaux individuels ; que le beau absolu n'existe pas, qu'il est toujours relatif à un objet déterminé ; les défenseurs principaux du nominalisme sont, outre Roscelin et Abailard, Occam, Hobbes, etc.

fit condamner, par le concile de Soissons, en 1092, Jean Roscelin, le chef des nominalistes; et plus tard Abailard, le célèbre Abailard, son élève, fut également poursuivi et condamné par les conciles de 1121 et de 1141.

La philosophie, qui portait alors le nom de scolastique, était entièrement subordonnée à la théologie, les grandes idées avaient disparu; elles étaient remplacées par des distinctions subtiles et sans valeur dans le fond et dans la forme. Les discussions animées, les disputes violentes durèrent plusieurs siècles; mais enfin apparurent Bacon, en Angleterre, Descartes, en France. Descartes, né le 30 mars 1596, repousse toutes les opinions acceptées, il les tient pour fausses. Celui qui s'est trompé une fois, dit-il, peut se tromper toujours. Le doute alors s'élève dans son esprit; il considère comme nul tout ce qu'il a appris, il remet tout en question, même son existence. Dans ce doute général où trouvera-t-il un point d'appui? Quelle sera la première vérité qui servira de base à toutes les vérités? Descartes la trouve dans son doute même : car remarquant aussitôt que pendant qu'il voulait penser que tout était faux il fallait nécessairement que lui, qui le pensait, fut quelque chose : *Je pense, donc je suis* [1], s'écrie-t-il; vérité qui lui parut à l'instant si évidente, qu'il jugea qu'il pouvait la recevoir sans scrupule pour le premier principe de la philosophie. Il résolut donc de ne tenir pour vrai que ce qui est évident : cette règle a fait la révolution de l'esprit humain.

---

[1] *Discours de la méthode*, quatrième partie, page 158, édition de Cousin. Paris, 1824.

Dès lors Aristote est vaincu, l'autorité du maître est abolie ; le règne de la raison commence.

La méthode de raisonnement étant admise, peut-on espérer que les philosophes vont s'accorder sur les facultés de l'entendement ?

En aucune manière. Descartes reconnaît quatre facultés principales : la volonté, l'entendement, l'imagination et la sensibilité.

Hobbes n'admet que deux facultés principales : connaître et se mouvoir.

Locke adopte l'entendement et la volonté.

Condillac reconnaît six facultés dans l'entendement, ou sept en comptant la sensation, origine commune, suivant lui, de l'entendement et de la volonté : sensation, attention, comparaison, jugement, réflexion, imagination, raisonnement ; et toutes ces facultés ne sont que des sensations transformées ou modifiées.

Dans le système de Kant, le jugement a quatre formes dont chacune en comprend trois : 1º *quantité :* jugements généraux, particuliers, singuliers ; 2º *qualité :* jugements affirmatifs, négatifs, limitatifs ; 3º *relation :* jugements catégoriques, hypothétiques, disjonctifs ; 4º *modalité :* jugements problématiques, assertoriques, apodictiques.

A ces diverses formes de jugement correspondent autant de catégories ou de concepts purs de l'entendement. En voici la liste : 1º *quantité : unité, pluralité, totalité (universalité)* ; 2º *qualité : réalité, négation, limitation* ; 3º *relation : inhérence* et *substance, causalité* et *dépendance, communauté* ; 4º *modalité : possibilité-impossibilité, existence-non-existence, nécessité-contingence.*

Nous ne poursuivrons pas l'analyse des nombreux systèmes qui se sont produits en philosophie et qui, le plus souvent, ne se font remarquer ni par la simplicité ni par la lucidité ; ce travail fatigant et stérile n'aurait d'autre conséquence que de prouver le désaccord existant entre tous les philosophes : Aristote s'éloigne de Platon ; Bacon, Descartes, Leibnitz combattent Aristote ; un système est remplacé par un autre système ; aussi un philosophe moderne[1] a-t-il pu dire : « La philosophie est une science dont l'idée n'est pas encore fixée ; car si elle l'était, il n'y aurait pas autant de philosophies que de philosophes, il n'y en aurait qu'une. On ne voit pas qu'il y ait plusieurs physiques, plusieurs astronomies ; il n'y a qu'une physique, qu'une astronomie, parce que l'idée de ces sciences est déterminée. »

Le sommeil est un des grands arguments invoqués en faveur de l'indispensable nécessité des organes pour la manifestation de la pensée ; la plupart des philosophes le reconnaissent, mais les spiritualistes fervents ne l'avouent pas de bonne grâce, ils font même leurs efforts pour atténuer la valeur de l'argument. « Qu'est-ce, en effet, que le sommeil ? disent-ils. C'est le repos de l'homme. Or, qu'est-ce que l'homme ? Une intelligence, une pensée, servie, sans doute, par des organes ; mais avant tout une pensée. Le sommeil c'est donc le repos de la pensée. Comment la pensée se repose-t-elle ? comment peut-elle se reposer ? Est-ce en se suspendant complétement, bien que momentanément ? Non, car alors elle ne serait plus

[1] Jouffroy. *Préface de la traduction des œuvres de Reid.*

la pensée. Descartes, ici, avait raison. La pensée, quand elle ne pense pas, n'est pas. La pensée pense toujours; c'est là sa nécessité, son essence. Elle pense ou agit beaucoup, modérément, peu, très-peu, dans ses divers éléments, ses diverses facultés; elle se repose, mais elle ne se suspend complétement dans aucun de ses éléments, dans aucune de ses parties, dans aucune de ses facultés. Cela nous paraît incontestable [1]. »

Et plus loin (page 714) : « En résumé, l'on doit admettre que dans le sommeil le plus profond, et en apparence le plus insensible, il n'y a pas plus suspension complète de l'exercice des facultés de l'ame et même de la volonté, qu'il n'y existe une semblable suspension des fonctions du corps. On doit reconnaître, en d'autres termes, avec Descartes, avec Leibnitz, avec les hommes qui ont le plus creusé ce sujet, qu'il n'y a pas de sommeil sans rêves, quelque légers, quelque agréables, quelque peu fatigants qu'on veuille les faire dans l'intérêt du repos de l'esprit. »

Voilà, fatalement, où arrivent les philosophes qui résument l'homme, l'homme tout entier dans la pensée; ils sont bien contraints, par l'évidence, de reconnaître que des organes existent, mais après cet aveu, qui leur coûte, ils se débarrassent promptement des instruments matériels pour ne s'occuper que de la pensée; ils la voient agissant, parlant, se manifestant par les rêves, le somnambulisme, et, quelque profond que soit le sommeil, ils n'accordent ni repos ni trêve à la pensée, il faut qu'elle agisse, et si

---

[1] *Dictionnaire des sciences philosophiques,* article sommeil, page 712.

rien ne manifeste son activité, ils la supposent, ils l'admettent, *le fait leur paraît incontestable.*

Il est bien difficile de modifier des convictions si fermement arrêtées ; toutefois, il faut bien leur opposer les faits nouveaux présentés par la science. Lorsque le sommeil naturel était le seul phénomène démontrant le repos plus ou moins complet des organes, on pouvait invoquer les rêves pour affirmer l'action permanente de la pensée. Aujourd'hui l'assertion n'est plus possible : on parvient, on le sait, à provoquer un sommeil artificiel à l'aide du chloroforme, de l'éther, de l'amylène, etc. ; le médecin expérimenté est maître du degré d'assoupissement ; il peut provoquer les rêves, les anéantir, enlever au corps la sensibilité, le mouvement, ralentir la respiration, la circulation, faire de l'homme le plus robuste, le plus actif, une masse inerte, insensible à la douleur, subissant des mutilations sans les soupçonner et ne croyant même pas à la réalité lorsque le sommeil a cessé. Que devient la pensée dans cette occūrence ? Des rêves, il n'y en a point ; le mouvement est remplacé par l'inertie complète, la sensibilité est momentanément anéantie ; plus d'impression, de perception, de fonction cérébrale, partant plus de manifestation intellectuelle, et cela pendant des heures entières, soit volontairement, soit accidentellement. Certes, si cette preuve ne suffit pas pour démontrer que l'activité de la pensée est suspendue lorsque les organes matériels mis à son service sont entravés dans leur action, il faut désespérer de la puissance de la lumière.

D'où vient cette divergence éternelle, cette lutte permanente ? C'est que les philosophes, tout en admettant l'union de l'âme et du corps, s'empressent de délaisser celui-ci ; selon eux, la matière n'est qu'un embarras pour l'esprit ; l'homme, ainsi qu'ils le disent, est une *pensée ;* et cette pensée, dégagée de l'influence perturbatrice des sens, se fortifie en remontant vers sa source divine ; alors, libre de toute entrave, elle se livre aux plus brillantes conceptions. De là ce dédain pour des recherches plus modestes, plus réelles, ce mépris même pour l'étude des faits naturels, et cette accusation de matérialisme lorsqu'on tient compte des conditions physiques de notre existence. De là encore des inconséquences de langage. Les philosophes, tout en déclarant que l'âme est une émanation divine, parlent des *facultés de l'âme, de la perfectibilité de l'âme, etc.,* et ils ne semblent pas s'apercevoir que prétendre perfectionner une émanation divine c'est la plus irrévérencieuse erreur que l'homme puisse commettre.

Les philosophes ne se sont pas arrêtés aux notions générales que nous venons d'indiquer, ils ont voulu remonter à l'origine première des choses ; dédaignant toute influence physique, ils ont dégagé totalement l'âme de la matière et ils ont créé la science des êtres spirituels, des choses abstraites et purement intellectuelles, et ils lui ont donné le nom de *Métaphysique.* Selon eux, la métaphysique est à la philosophie ce que la philosophie est aux autres sciences, c'est-à-dire la base et le centre de toutes ses recherches [1].

[1] *Dictionnaire des sciences philosophiques,* tome 5, page 69, article *Philosophie.*

Cette exagération a ses dangers, elle conduit au mysticisme, et de là à *l'illuminisme* il n'y a qu'un pas : on voit Dieu sans intermédiaire, on lui parle face à face, on peuple l'espace *d'esprits,* on les interroge et ils vous répondent avec exactitude et empressement.

Cette puissance d'abstraction, cette faculté surprenante de notre esprit qui nous permet d'extraire de nos idées premières d'autres idées, est une fonction cérébrale qui n'est pas sans analogie avec celle de l'estomac qui extrait, de substances diverses, le chyle, fluide blanc, épuré, destiné à fournir les éléments réparateurs à toutes les parties de notre organisme. Pensée qui s'éloigne peu de celle que Descartes avait déjà émise en ces termes : « Ceux » qui ont le raisonnement le plus fort et qui digèrent le » mieux leurs pensées, afin de les rendre claires et intel-» ligentes, peuvent toujours le mieux persuader ce qu'ils » proposent. »

Une fois en quête des causes et des principes, l'esprit se trouve conduit à demander ce que c'est qu'*une idée.* Ce mot, tiré du grec, signifie image ; il a été l'occasion de disputes interminables. Les idées sont-elles innées ? nous viennent-elles par les sens ? Platon, Malebranche, Leibnitz, Descartes et leurs sectateurs adoptent la première opinion ; Aristote, Hobbes, Locke, Condillac partagent la seconde. Aristote déclare qu'il n'y a rien dans l'intelligence qui n'ait été fourni par les sens ; Platon, Malebranche, etc., prétendent que les idées sont incréées, que leur centre est en Dieu ; que l'homme les apporte toutes en naissant ; que la vue d'un objet extérieur ne fait que raviver une idée préexistante dans l'âme ; d'où dérive la conséquence que nous possédons toutes les notions : que savoir n'est que se rappeler; *que toute science n'est que réminiscence.*

Toutes ces fictions ont été repoussées par les philosophes observateurs qui ont compris le vide et l'exagération de ces brillantes théories. Thomas Reid, Dugald-Stewart, en Écosse, MM. Jouffroy et Cousin, en France, ont fait de fructueux efforts pour se rapprocher de la vérité; ils ne l'ont pas atteinte, parce qu'il leur manquait la connaissance complète de l'homme physique et de l'origine de ses instincts, de ses sentiments moraux et de ses facultés intellectuelles.

Disons, pour nous résumer, que la philosophie, à toutes les époques et dans des contrées diverses, a préoccupé les esprits les plus élevés, qu'elle a abordé toutes les questions, préparé les progrès accomplis dans les sciences, agité les populations, excité l'admiration, provoqué les haines[1], les persécutions, qu'elle a été l'origine

---

[1] Les persécutions subies par les philosophes ont été nombreuses; presque toujours ils ont été poursuivis et condamnés pour cause d'impiété : les adversaires, n'osant avouer les blessures faites à leur orgueil et à leurs intérêts, prétendaient venger la divinité outragée et méconnue.

Socrate est condamné à mort parce qu'il ne reconnaît pas les dieux de la République, et parce qu'il corrompt les jeunes gens.

Platon est vendu comme esclave par le tyran Denys l'Ancien, dont il avait blessé l'orgueil.

Aristote dut fuir devant une accusation d'impiété portée contre lui par le grand prêtre Eurymédon.

Vanini, accusé d'athéisme, est condamné, en 1619, par le parlement de Toulouse, à être brûlé vif après avoir eu la langue coupée.

Campanella, adversaire d'Aristote, est accusé de crime contre

du mouvement intellectuel et moral, passé et présent,
et que c'est avec raison qu'elle a été honorée, pour ses
efforts et ses tendances, par les savants sincèrement amis
de la dignité humaine.

Soumise à la loi du progrès, comme toutes les sciences,
la philosophie a subi deux révolutions radicales : la première a pour origine la doctrine d'Aristote ; c'est l'époque de l'obéissance passive, elle domine tout le moyen
âge ; il faut croire sur la parole du maître, tout adopter
respectueusement, si on ne veut s'exposer à des accusations graves, à des dangers réels.

La seconde porte sur son drapeau : *Méthode de Descartes ;* l'esprit secoue le joug, il veut tout voir, tout
juger par lui-même ; l'autorité est soumise au contrôle ;
la pensée prend de libres allures, les sciences s'éclairent
et font des progrès ; c'est le caractère de la philosophie
depuis le dix-septième siècle jusqu'à nos jours.

Comment se fait-il que cette science, si éminemment
utile, soit aujourd'hui délaissée, dédaignée et même ex-
clue de nos lycées ? C'est à peine si les hommes de notre
époque se rappellent les leçons éloquentes du professeur

l'État et contre l'Église ; il fut soumis sept fois aux plus cruelles
tortures de la question extraordinaire.

Descartes, accusé de scepticisme et d'athéisme, est poursuivi
par Gisbert-Voetius, fameux théologien protestant ; il dut fuir la
Hollande pour échapper au danger qui le menaçait.

Ramus, déjà condamné en 1543, par arrêt du parlement con-
firmé par François Ier, comme adversaire d'Aristote, fut massacré
au mois d'août 1572. « Des écoliers furieux, dit l'historien de Thou,
poussés par leurs maîtres, qu'animait la même rage, lui arrachent
les entrailles, traînent son cadavre, le livrent à tous les outrages
et le mettent en pièces. »

Cousin, suivies alors par la jeune génération avec une ar-
deur inconnue de nos jours ; Paris s'agitait aux accents
chaleureux partis du collége de France, et le gouvernement
lui-même voyait avec inquiétude l'influence croissante
d'une doctrine philosophique.

C'est que la philosophie ancienne a produit tout ce
qu'elle peut donner ; en rangeant tous les hommes sous
le même niveau, en ne tenant aucun compte des aptitudes naturelles, elle a arrêté elle-même le mouvement.

L'humanité rompra ses entraves, partout elle pousse
avec énergie le cri : En avant ! en avant ! rien ne lui
résistera. Des intérêts d'un ordre secondaire peuvent
bien absorber momentanément les pensées, mais bientôt
l'esprit se réveille ; ce qui se passe sous nos yeux en est
le signe certain ; il faut à l'âme un aliment plus noble
et plus pur que l'or. Le temps d'arrêt que nous signalons
n'est qu'une incubation précédant une évolution nouvelle.

La philosophie phrénologique va ouvrir les routes que
cherchent l'intelligence et la loi du progrès ; dégagée de
toute conception hypothétique, elle reprend et applique
la méthode de Descartes. Tenant pour fausse la marche
suivie jusqu'à ce jour, elle oublie tout ce qui est ensei-
gné, et ne voulant accepter que l'évidence, elle revient à
l'observation des faits.

Socrate répétait sans cesse : *Connais toi toi-même ;* ce
sage précepte sera notre guide, le but de nos efforts.

Portons d'abord notre examen sur une famille nombreuse et dont tous les membres vivent sous l'influence
des mêmes circonstances. Interrogeons les parents sur
les qualités de leurs enfants.

Nos enfants, diront-ils, ne se ressemblent pas, c'est comme s'ils n'avaient pas le même père et la même mère. Ils mangent pourtant à la même table ; leurs occupations sont les mêmes. Voici notre fils aîné, qui a toujours l'air d'être honteux de sa naissance depuis qu'il a vu un petit-maître décoré ; il méprise ses camarades et n'aspire qu'à nous quitter et à aller dans une grande ville ; il n'est jamais content de la mise de ses autres frères, il affecte même de parler et de marcher autrement que nous. Dieu sait où il a pris cette ridicule vanité ! Notre second fils, au contraire, ne se plaît que dans les travaux domestiques ; c'est notre tourneur, notre charpentier : sans avoir rien appris, il montre en tout un esprit d'invention qui nous étonne. Voici une de nos filles qui n'a jamais pu apprendre les misérables ouvrages de l'aiguille ; mais croiriez-vous qu'elle chante jour et nuit ? tout s'anime en elle au bruit d'une musique ; celle-ci ne serait bonne que pour être musicienne. Voici un autre garçon cherchant dispute à tout le monde ; toujours battant et toujours battu et dont rien ne saurait rompre le courage. Il rapporte avec une avidité extrême toutes les nouvelles d'une bataille, et attend avec impatience le moment où il pourra être militaire. Sa sœur a les larmes aux yeux quand elle voit un être qui souffre ; jamais un pauvre ne s'éloigne d'elle sans consolations. Une autre de ses sœurs est avare, obstinée, méchante, et ne se plaît que dans le trouble.

Ce tableau est l'image fidèle d'une famille nombreuse et sur laquelle l'éducation n'a pas encore exercé sa puissante influence.

Si nous quittons la famille pour nous rendre dans une école, où tous les élèves sont sous la direction d'un plan uniforme d'instruction et de conduite, nous rencontrons parmi la grande majorité des sujets médiocres, quelques malheureux qui sont incorrigibles. Nous en trouvons qui dérobent les livres à leurs camarades, qui sont menteurs, perfides, poltrons, ingrats, paresseux, insensibles aux distinctions. Dans le nombre de ceux qui remportent des prix, tel excelle dans l'étude de l'histoire, tel autre dans la poésie, un troisième dans les mathématiques, un quatrième dans la géographie ou dans le dessin ; enfin chacun d'eux a une physionomie intellectuelle ou morale qui lui est donnée par la nature et qu'il est aussi impossible de changer que les traits de son visage. Tous ces enfants jouissent de la faculté de l'attention, de la comparaison, du jugement, du désir, de la volonté, mais aucun maître ne désignera le caractère de ses élèves par l'une ou l'autre des abstractions adoptées par les métaphysiciens. Il ne dira pas : tel enfant a tel entendement ou telle réflexion, mais il a telle faculté pour apprendre les mathématiques ; il ajoutera : il est bon, il est méchant, querelleur, difficile, enfin il peindra toujours une faculté ou un instinct.

Il vous arrivera également, lorsque vous ferez la revue d'une réunion d'hommes de génie, d'y trouver des musiciens, des peintres, des sculpteurs, des mécaniciens, des mathématiciens, des philologues, des orateurs, des acteurs, des poètes, des voyageurs, des philanthropes, etc.; et ici encore il n'est nullement question ni d'entendement, ni de volonté, ni de comparaison, ni de désir, ni de liberté.

Si , des hommes, nous descendons aux animaux, nous trouvons qu'on les désigne également par les qualités ou les défauts qu'ils manifestent. On dit : ce chien est hargneux, doux, docile, courageux, il a une très-bonne mémoire locale, il est poltron, il s'est dressé lui-même à la chasse ; cet étalon est des meilleurs pour le haras ; ce cheval est ombrageux, très-doux, très-docile ; cette vache est une excellente mère; cette truie est une mauvaise mère, puisqu'elle dévore ses petits, etc.

Dans quelle espèce ou dans quel individu, parmi les animaux, les philosophes placeraient-ils leur entendement, leur volonté, leur attention, leur raisonnement, leur désir, leur préférence et leur liberté ?

Est-il juste qu'en examinant la nature et l'origine des facultés morales et intellectuelles de l'homme, on ne tienne aucun compte des mêmes facultés chez les animaux? L'homme serait-il un être isolé du reste de la nature vivante? Serait-il gouverné par des lois organiques opposées à celles qui président aux qualités et aux facultés du cheval, du chien, du singe? Les animaux voient-ils, entendent-ils, apprécient-ils les odeurs, le son et tous les objets autrement que nous? Se propagent-ils, aiment-ils leurs petits, sont-ils courageux, doux, vindicatifs, rusés, jaloux, autrement que l'homme?

Tous ces faits tendent donc à démontrer que les penchants et les facultés sont innés, que l'éducation ou les circonstances dans lesquelles se trouve l'homme et les animaux ne peuvent que modifier, affaiblir ou développer ces facultés, mais ne sauraient jamais les faire naître. Mille exemples viennent encore prouver cette assertion :

voyez le jeune poulet, à peine est-il sorti de l'œuf qu'il discerne à l'instant le grain qui doit le nourrir ! l'araignée qui vient d'éclore tisse sa toile et enveloppe d'un réseau les mouches qu'elle a prises, afin de les conserver pour ses besoins futurs ! l'abeille construit, en naissant, ses cellules hexagones ; le petit canard, couvé par une poule, se dirige vers l'eau, au grand effroi de sa mère adoptive. Est-il possible de méconnaître, en présence de ces faits, une puissance instinctive que n'ont produite ni l'éducation, ni les circonstances extérieures ?

Gall, s'appuyant sur toutes ces observations, répétées chez tous les êtres de la nature, en conclut que les idées ne sont pas toutes faites en naissant, qu'il n'y a pas d'*idées innées,* mais qu'il existe dans notre organisation des conditions qui font que nos facultés et nos instincts sont innés. Si l'on arrête un instant sa pensée sur cette importante découverte, on reconnaît que la nature ne pouvait se soustraire à cette loi impérieuse : que seraient devenus, en effet, tous les êtres qui peuplent le monde, si l'éducation ou la réflexion avait dû les conduire à l'accomplissement des actes nécessaires pour entretenir leur existence ? Il faut donc qu'il y ait un instinct conservateur, inné, et qui, aveuglément, pousse l'enfant et les animaux vers les choses qui leur conviennent.

On a prétendu que la supériorité de l'intelligence de l'homme tenait à la délicatesse de ses sens : c'est encore une erreur. La plupart des animaux ont les sens en général plus parfaits que ceux de l'homme ; le chien, le cheval, le cochon, etc., ont l'odorat très-développé ; l'aigle, à la vue perçante, découvre sa proie d'une hau-

teur immense ; le serpent fuit et se cache à la plus
légère vibration de la terre sur laquelle il rampe ; la
plupart des oiseaux ont le sens de l'ouïe très-délicat, et
les vaches reconnaissent au goût les herbes qui leur
seraient nuisibles. Ce ne sont donc pas les sens qui éta-
blissent la supériorité de l'homme sur les animaux. Il
faut qu'il y ait quelque chose de plus positif qui puisse
expliquer les différences que l'on observe : les sens ne
rendent raison, en effet, d'aucun instinct, d'aucune
faculté ; ils ne sont que des instruments qui mettent en
rapport le monde extérieur avec les organes intérieurs ;
ainsi l'œil, destiné à recevoir l'impression de la lumière,
se trouve l'intermédiaire entre ce fluide et la sensation
produite sur le cerveau. Mais ce n'est point l'œil qui
apprécie les couleurs, ni qui fait naître le talent du peintre.
L'ouïe reçoit l'impression du son, mais le cerveau seul
juge l'harmonie ; il en est de même de tous les sens. Ainsi
l'on peut avoir la vue ou l'ouïe excellente et n'être point
organisé pour être peintre ou musicien. On peut, au
contraire, être privé de l'ouïe et comprendre la musique.
Nous avons connu un sourd-muet qui appréciait très-bien
un morceau de musique par les impressions qu'il éprouvait
en appuyant les pieds contre une planche qui vibre.

Nous irons même jusqu'à dire que l'on pourrait sup-
poser que tous les sens extérieurs manquant, l'homme
intérieur n'en resterait pas moins complet ; alors, il est
vrai, il n'y aurait que des penchants ou des facultés
confuses, mais l'impulsion intérieure se ferait cependant
sentir. Les sens ne peuvent donc créer ni les facultés ni
les penchants, et c'est une grande erreur de croire avec

Buffon que la supériorité de l'homme tient à la délicatesse de son sens du toucher.

L'éducation ne saurait, non plus que les sens, faire naître dans l'homme ou l'animal une faculté ou un instinct que la nature ne lui aurait point accordé. S'il n'en était pas ainsi ne verrait-on point les animaux qui vivent en commun prendre les habitudes de leurs compagnons. Or, a-t-on jamais observé que la poule apprît à roucouler comme le pigeon, ou à pousser des cris comme la pintade?

Si l'éducation avait la puissance qu'on lui accorde, comment expliquerait-on que des oiseaux, tels que les serins, sortis du même nid, élevés de la même manière, présentent entre eux de si grandes différences? L'on sait que la femelle n'apprend jamais à chanter, quelque soin que l'on prenne de son éducation, et que les mâles offrent de très-notables différences entre eux sous le rapport de leur aptitude.

Ce que nous disons des animaux s'applique à l'homme, et nous avons déjà prouvé que dans une même famille, placée sous l'influence des mêmes conditions, on trouve une variété de caractères et de facultés qui ne peut s'expliquer que par la différence d'organisation individuelle.

Quelques philosophes, reconnaissant la faiblesse des arguments que nous venons de combattre, ont prétendu qu'en effet on ne pouvait attribuer à l'éducation les facultés ou les instincts, mais qu'il fallait les rapporter à l'ensemble de l'organisation des animaux. Ainsi, disent-ils, si le tigre est féroce, il le doit à sa force musculaire, à ses griffes, à ses dents aiguës. C'est ainsi qu'ils veulent établir des rapports entre la conformation extérieure et les habitudes des différents êtres.

L'examen le moins approfondi démontre bientôt l'inexactitude de cette assertion. Le tigre, en effet, n'est point courageux parce qu'il a une force musculaire puissante, car, sous ce rapport, le cheval, le taureau et, mieux encore, l'éléphant, pourraient le lui disputer. Ses mâchoires ne sont pas plus solides que celles de plusieurs animaux herbivores ; aussi n'est-ce pas dans sa conformation extérieure que nous pouvons trouver la raison de son instinct carnassier.

D'ailleurs ce n'est pas à la surface que doit s'arrêter l'examen de l'organisation. Le tigre, l'éléphant, le mouton, ne sont pas moins différents à l'intérieur qu'à l'extérieur. L'estomac, les intestins des tigres sont destinés à digérer de la chair, tandis que ceux du mouton, du cheval, de l'éléphant, qui sont d'une longueur considérable, démontrent que la nature a destiné les animaux auxquels ils appartiennent à se nourrir de végétaux.

On a encore prétendu que le hasard ou des circonstances puissantes déterminent chez l'homme le développement d'un talent ou d'une faculté.

Ainsi, dit-on, Milton est devenu poète pour avoir perdu sa place de secrétaire de Cromwel. Corneille n'a senti son talent se révéler que parce qu'il voulait peindre sa passion amoureuse.

Qui ne voit que ces faits et mille autres que l'on pourrait citer, ne servent qu'à prouver qu'il y avait chez ces hommes de génie une faculté qui, peut-être, était momentanément entravée, mais qui s'est éveillée sous l'impulsion d'une cause accidentelle.

Concluons de ces faits que nos penchants, nos talents ne sont pas toujours en activité, et qu'il faut souvent que l'impulsion leur soit donnée par une impression extérieure.

C'est ainsi qu'on s'explique comment les révolutions politiques semblent faire éclore une foule d'hommes remarquables.

Nous avons avancé que l'éducation ne fait naître aucun talent ni aucun instinct, mais nous ne pouvons méconnaître l'influence qu'elle exerce sur leur développement.

L'éducation corrige les défauts les plus prononcés, elle réprime les vices et fait quelquefois d'un homme poussé à la débauche un sage, un philosophe. L'antiquité nous offre Socrate en exemple, et des preuves nouvelles s'accumulent chaque jour sous l'empire de la civilisation.

L'influence de l'éducation, de l'instruction, des exemples et des circonstances environnantes s'exerce principalement lorsque les dispositions ne sont ni trop faibles ni trop énergiques.

Tout homme sain, ayant l'organisation essentielle à son espèce, a, par cela même, de la capacité pour tout ce qui est relatif aux dispositions propres à l'homme. C'est à quoi la nature s'est bornée pour la grande majorité des individus. Avec cette médiocrité de forces morales et intellectuelles on est, pour ainsi dire, passif relativement à l'impression des objets extérieurs; les facultés intérieures sont dans un état d'indifférence, et comme rien n'entraîne ces individus vers un but marqué, ils n'ont, par cela même, aucune vocation déterminée.

Il ne faut pourtant pas croire que, même pour cette classe d'hommes, les impressions qui viennent du dehors aient une influence exclusive, absolue et toujours égale. Non, l'observation prouve que chaque individu diffère d'un autre par un caractère propre, de même qu'il en diffère par la forme extérieure de son corps. Chacun a de la prédilection ou une aptitude plus prononcée pour tel ou tel objet. Il y a donc dans chaque homme quelque chose qu'il ne tient pas de l'éducation, qui résiste même à toute éducation. S'il n'en était point ainsi, comment pardonnerait-on aux instituteurs de ne pas déraciner du cœur de leurs élèves tous les défauts, tous les vices, toutes les passions funestes et toutes les inclinations basses?

Il y a plus, l'éducation n'a que peu d'empire lorsque les dispositions naturelles sont très-énergiques ou lorsque l'organisation est incomplète. Qui ne sait que les idiots se refusent à tout perfectionnement intellectuel et que les génies s'élèvent malgré les plus grands obstacles? Nous ne prétendons point, en avançant cette assertion, que les génies échappent complétement à l'influence de l'éducation; nous croyons, au contraire, que les plus grands hommes portent toujours l'empreinte de leur siècle, et qu'ils ne peuvent se défendre entièrement de l'impression des circonstances qui les environnent; mais nous pensons aussi que celui qui possède une qualité ou une faculté dominante se trace une marche particulière et poursuit avec force, malgré les obstacles, l'objet que la nature lui a indiqué.

Ces faits démontrent que la nature, par le moyen des lois immuables de l'organisation, s'est réservé non pas l'unique, mais le premier droit sur tout exercice des facultés et des penchants de l'homme et des animaux.

Nous avons prouvé que la manifestation de nos facultés morales et intellectuelles dépend de conditions matérielles, mais nous sommes loin de prétendre que nos facultés soient sous l'influence de ce seul mobile. Nous pensons, au contraire, qu'il existe un principe moteur, insaisissable, mais réel, qui donne l'impulsion à la matière; principe inconnu dans son essence, qu'aucun mot ne saurait, par cela même, convenablement désigner, mais pour la manifestation duquel la matière est indispensable. Ce principe, une fois admis, et la raison, selon nous, ne saurait méconnaître son existence, nous ne chercherons point à découvrir, à l'exemple des théologiens et des métaphysiciens, comment s'opère l'union de l'âme avec le corps. Nous abandonnerons de suite cette question, tout à fait insoluble, pour ne nous occuper, à l'avenir, que des conditions matérielles qui permettent la manifestation du principe moteur.

Les preuves abondent pour démontrer que les qualités morales et les facultés intellectuelles augmentent ou diminuent selon que les organes du cerveau se développent, se fortifient ou s'affaiblissent; ainsi l'on observe que différents penchants n'arrivent qu'à un âge où la partie du cerveau, qui est chargée de la fonction, a acquis sa puissance de développement. L'enfant n'éprouve pas les besoins de l'amour physique tant que son cerveau reste faible; ce n'est qu'à un âge assez avancé que se manifestent l'ambition et l'avarice, etc.

Le cerveau croît graduellement jusqu'à l'âge de trente-cinq ou quarante ans. Aussi est-ce à cette époque que l'homme jouit de toute la plénitude de ses facultés ; mais à mesure qu'on avance en âge, le cerveau diminue et il s'affaisse graduellement jusqu'à ce qu'on arrive à la décrépitude.

Cette étude des changements physiques explique complétement les variations successives qui s'opèrent dans le cours de la vie, sous le rapport moral et intellectuel.

Ce qui tend encore à démontrer l'assertion que nous venons d'émettre, c'est que si le développement des organes chargés de la manifestation des facultés morales et intellectuelles vient à éprouver des dérangements, les fonctions de ces organes s'écartent aussitôt de leur ordre accoutumé. Ainsi, on voit des enfants très-précoces sous le rapport de la musique ou des mathématiques, etc., tandis que d'autres ne peuvent jamais s'élever à comprendre ces sciences. S'il arrive que les différentes parties du cerveau, ou que la totalité de cet organe n'acquièrent que très-tard leur maturité et leur solidité, l'état d'enfance et de demi-imbécillité se prolonge alors jusqu'à l'âge de dix à douze ans. Mais à cette époque la nature travaille avec une grande énergie au développement des parties cérébrales, et l'on voit les enfants dont on avait jusqu'alors désespéré, devenir en peu de temps des individus remplis de talent. C'est ce qu'a prouvé Gessner, l'un des plus aimables poètes de la Suisse. Issu d'une famille où le rachitisme était habituel dans la jeunesse, ses instituteurs, quand il eut atteint l'âge de dix ans, le déclarèrent incapable de faire aucun progrès dans ses études. L'on sait que des chefs-d'œuvre ont démenti leur prédiction.

Si le développement du cerveau se fait irrégulièrement et que ce soit la partie postérieure qui l'emporte sur la partie antérieure, les penchants prédomineront sur la puissance intellectuelle. Si l'organisation se développe dans un ordre inverse, les facultés l'emporteront alors sur les penchants.

En suivant l'accroissement du cerveau dans les différentes classes d'animaux, on voit que les penchants et les facultés croissent toujours en raison du développement des organes.

Lorque, par accident, un organe primitivement bien développé se trouve détruit, la faculté qui en dépend disparaît aussitôt : à la suite d'une maladie, l'on voit les génies les plus brillants s'anéantir et descendre jusqu'à l'hébétude.

De l'ensemble de ces faits, résulte la démonstration que les penchants et les facultés intellectuelles ne peuvent se manifester que par l'intermédiaire de l'organisation, et que les variations qu'éprouve la matière animée entraînent des modifications inévitables dans le développement de ces mêmes facultés.

Quelle que soit la disposition anatomique du crâne, elle ést toujours originelle, ou, en d'autres termes, elle tient au développement du cerveau à l'époque de la formation de ses organes. Le cerveau existe chez l'enfant avant que le crâne ne paraisse, et s'il vient à manquer, comme chez les anencéphales (c'est-à-dire enfants privés de cerveau), les parois du crâne manquent aussi. A cette époque elles se modèlent parfaitement sur l'organe qu'elles doivent contenir. Lorsque le cerveau croît en volume avec l'âge, le crâne grandit comme lui. Le développement simultané du crâne et du cerveau se continue jusque vers l'âge de quarante ans. Quand le cerveau s'atrophie, les parois du crâne s'affaissent. A l'âge de la décrépitude tous les organes se flétrissent, le cerveau lui-même diminue et l'intelligence perd de son activité. Lorsque le crâne semble conserver son volume antérieur c'est que, d'une part, les sinus deviennent plus profonds, et que, de l'autre, la lame interne des os crâniens suit le retrait du cerveau. Nous avons vu, dans le cabinet du célèbre Sœmmering, à Francfort, des parois osseuses qui avaient deux centimètres d'épaisseur.

Malgré l'exactitude de ces faits on ne doit pas s'attendre à trouver sur le crâne des saillies parfaitement distinctes et faciles à découvrir à la vue ou au toucher; il faut un tact très-exercé pour apprécier les différences individuelles, saisir les nuances et surtout comprendre les modifications de conformation que peut apporter l'absence ou plutôt le développement incomplet d'un organe voisin. Ainsi le front peut être très-étroit et l'organe du sens musical, qui est situé près de la tempe et en arrière du front, quoique très-puissant, n'être point saillant. L'étude prolongée, des comparaisons nombreuses peuvent seules former les phrénologues habiles; ils sont rares et ils le seront toujours. Un musicien met souvent plusieurs années pour apprendre à lire des caractères réguliers qu'il a constamment sous les yeux, comment peut-on reprocher au phrénologiste de ne pas lire à première vue des caractères variables et qui ne sont qu'accidentellement soumis à son observation?

D'ailleurs pour la pratique de la vie, ce talent n'est pas nécessaire ; il suffit d'observer les penchants, les facultés de l'enfant pour que les parents puissent donner à ses dispositions naturelles la direction la plus utile ou réprimer les mauvaises tendances.

Ajoutons encore que l'intelligence et les penchants peuvent se manifester avec une activité variable, selon les tempéraments, les conditions de santé ou de maladie et l'exercice des facultés de l'entendement.

Le tempérament sanguin donne de la vivacité à toutes les fonctions ; le tempérament lymphatique imprime à tous les actes de la lenteur, de la mollesse.

L'homme qui n'a pas cultivé son intelligence comprend difficilement ; l'étude devient pour lui une fatigue insupportable ; elle a au contraire un attrait indéfinissable pour l'homme instruit.

La santé ou la maladie exercent l'influence la plus marquée sur nos dispositions morales : qui ne connaît les effets d'un vin généreux sur le développement de la gaieté ! Voyez au contraire l'homme qui souffre des organes digestifs, il devient triste, mélancolique, il est dégoûté de la vie ; il a le spleen, comme disent les anglais, et il est porté au suicide.

La grossesse, ou seulement l'approche de la menstruation, changent souvent et presque complétement le caractère de la femme ; la plus douce et la plus aimable devient tout à coup capricieuse, irritable, elle se fâche au plus léger prétexte et se laisse entraîner aux emportements les plus irréfléchis.

Comment expliquer ces nuances de caractères, ces

changements, ces perturbations, sans la participation des organes? Un verre de champagne peut-il agiter l'âme?

Le phrénologiste instruit ne s'y trompe pas, aussi ne dit-il pas magistralement *vous êtes,* mais bien *vous pouvez être.*

Cet aperçu rapide nous permet, actuellement, de nous livrer à l'étude spéciale de chacun des organes dont le cerveau est composé.

Au début de la science, Gall désignait son système sous le nom de *crânioscopie* ou *crânoscopie,* expressions évidemment inexactes, puisqu'elles semblent n'indiquer que l'étude du crâne et non l'étude du cerveau. Le crâne, il est vrai, représente presque constamment les saillies du cerveau, mais il n'en est que l'enveloppe et ne mérite, sous ce rapport, qu'une attention secondaire.

Le mot phrénologie, qui signifie discours sur l'esprit ou sur les facultés, nous semble plus logique et plus convenable, puisqu'il indique l'origine de nos facultés en désignant le principe d'où elles émanent. Ce mot, proposé par Spurzheim, a été définitivement adopté.

La tête est formée de deux parties : l'une, postérieure et supérieure, le crâne qui renferme le cerveau ; l'autre, antérieure et inférieure, qui est la face. Chez l'homme, le crâne est plus grand que la face. Les animaux, au contraire, ont la face plus grande que le crâne ; c'est cette particularité qui rend compte du volume plus considérable de la tête chez le bœuf, le chameau, le cheval, etc., que chez l'homme.

Plusieurs auteurs avaient admis en principe que *la masse absolue du cerveau est plus considérable dans l'homme que chez les animaux;* mais des recherches nombreuses ont prouvé que certains animaux ont le cerveau plus volumineux que celui de l'homme ; tels sont l'éléphant, la baleine, certains cétacés, quelques phoques, etc.

Quelques physiologistes ont cherché à établir des rapports entre la masse du cerveau et le poids du reste du corps ; ils ont affirmé que la différence relative est toute en faveur de l'homme ; en conséquence, ils admettent que *plus le cerveau est considérable, relativement au poids du corps, plus l'animal possède de facultés ;* ainsi le cerveau de l'homme pesant 1 kilogramme 250 grammes, et quelquefois 1 kilogramme 500 grammes, et son corps 70 à 75 kilogrammes, l'intelligence de ce dernier doit être supérieure à celle de l'éléphant, bien que son cerveau pèse 2 kilogrammes, car, ajoutent-ils, le corps de ce dernier pèse plusieurs milliers.

Mais les recherches de Blumenbach et de Cuvier démontrèrent bientôt que le moineau, le serin, le roitelet, comparativement au poids de leur corps, ont un cerveau plus développé que celui de l'homme, et ils prouvèrent que, sans sortir de l'espèce humaine, ce rapport est évidemment faux, puisque le cerveau d'un enfant est plus volumineux que celui de l'adulte, relativement au reste du corps : il fallut donc encore abandonner cette opinion.

Les phrénologistes ayant reconnu les erreurs où conduit la route suivie par les psychologistes, sont revenus, comme nous l'avons déjà dit, à l'observation exacte des faits moraux ou intellectuels offerts par l'homme et les animaux ; ils ont été ainsi amenés à une appréciation plus juste des facultés cérébrales, et ils ont pu en présenter une classification nouvelle.

Gall et Spurzheim divisent toutes fonctions de l'encé-phale en deux ordres : les unes sont affectives, les autres intellectuelles.

Le premier de ces deux ordres peut être subdivisé en deux genres : les *penchants* et les *sentiments*.

Les *penchants* chez l'homme, ou les instincts chez les animaux, sont actifs, impérieux et soumis incomplétement à la volonté ; l'homme et les animaux ne sont pas parfai-tement libres de ne point aimer les êtres qu'ils ont pro-créés ; ils ne peuvent que difficilement se soustraire aux exigences de la faim. Les *sentiments* n'ont pas la même puissance : l'*amour-propre,* l'*orgueil,* la *bienveillance,* peu-vent être contenus, souvent réprimés.

Le second ordre renferme les facultés de l'entende-ment. On peut le subdiviser en deux genres : les *facultés perceptives* et les *facultés réflectives.* Les facultés percep-tives sont destinées à faire connaître à l'homme et aux animaux les objets extérieurs, leurs qualités et leurs relations. Les facultés réflectives s'emparent de toutes les sensations, de toutes les connaissances acquises; elles les comparent, recherchent leurs causes et s'efforcent d'en tirer des conséquences ou des lois générales.

Outre ces divisions, chaque genre en présente d'autres à son tour. Ainsi les *penchants* sont au nombre de neuf ; les *sentiments* au nombre de douze ; les *facultés percep-tives* comptent douze espèces, et les *facultés réflectives* deux seulement.

Voici, sous forme de tableau, les divisions et les noms de tous les organes reconnus jusqu'à ce jour :

1. — FACULTÉS AFFECTIVES.

Premier genre (penchants ou instincts), contenant neuf espèces.

1o Amour physique ou amativité.
2o Amour des enfants ou philogéniture.
3o Amour de l'habitation ou habitativité.
4o Attachement ou affectionivité.
5o Courage ou combativité.
6o Destruction ou destructivité.
7o Penchant à cacher ou secrétivité.
8o Désir d'acquérir ou acquisivité.
9o Construction ou constructivité.

Deuxième genre (sentiments), contenant douze espèces).

1o Amour-propre; estime de soi.
2o Amour de l'approbation ou approbativité.
3o Circonspection.
4o Bienveillance.
5o Vénération.
6o Persévérance ou fermeté.
7o Conscienciosité.
8o Espérance.
9o Merveillosité.
10o Idéalité.
11o Gaieté ou esprit de saillie.
12o Imitation.

2. — FACULTÉS INTELLECTUELLES.

Premier genre (facultés perceptives), contenant douze espèces.

1o Individualité.
2o Configuration.
3o Étendue.
4o Pesanteur, résistance (tactilité).
5o Coloris.
6o Localité.
7o Calcul.
8o Ordre.
9o Éventualité.
10o Temps.
11o Tons.
12o Langage.

Deuxième genre (facultés réflectives), contenant deux espèces.

1o Comparaison.
2o Causalité.

Toutes ces distinctions établies pour connaître les facultés et les sentiments de l'homme nous semblent soumises à quatre lois générales qui dominent les genres et les espèces adoptés par les phrénologistes. Ces lois sont :

1º La conservation de l'espèce ;

2º La conservation de l'individu ;

3º La conscience, le sens moral, servant à juger nos propres actes et ceux des autres, et à établir les rapports équitables des hommes entre eux ;

4º Le sentiment religieux établissant les rapports de l'homme avec Dieu.

Les deux premières lois sont communes à l'homme et aux animaux, les deux dernières appartiennent à l'homme seul ; elles le distinguent, le séparent des autres êtres de la création ; elles l'élèvent à ses propres yeux en lui donnant la liberté de ses déterminations et en lui faisant comprendre, en toute circonstance, que s'il fait taire sa conscience pour obéir à de mauvais sentiments, il est un juge suprême devant lequel il est toujours responsable des actes de sa volonté.

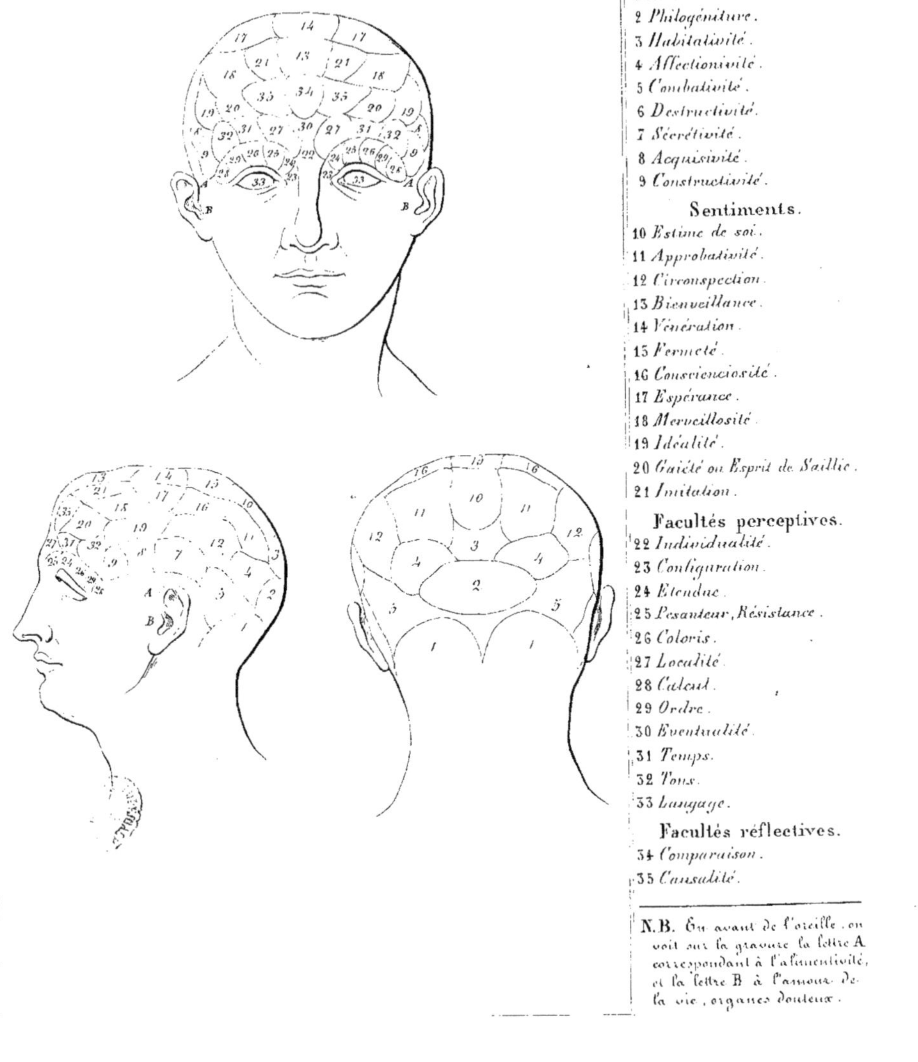

DÉSIGNATION DES ...

Penchants.
1 Amativité.
2 Philogéniture.
3 Habitativité.
4 Affectionivité.
5 Combativité.
6 Destructivité.
7 Sécrétivité.
8 Acquisivité.
9 Constructivité.

Sentiments.
10 Estime de soi.
11 Approbativité.
12 Circonspection.
13 Bienveillance.
14 Vénération.
15 Fermeté.
16 Conscienciosité.
17 Espérance.
18 Merveillosité.
19 Idéalité.
20 Gaieté ou Esprit de Saillie.
21 Imitation.

Facultés perceptives.
22 Individualité.
23 Configuration.
24 Étendue.
25 Pesanteur, Résistance.
26 Coloris.
27 Localité.
28 Calcul.
29 Ordre.
30 Éventualité.
31 Temps.
32 Tons.
33 Langage.

Facultés réflectives.
34 Comparaison.
35 Causalité.

N.B. En avant de l'oreille, on voit sur la gravure la lettre A correspondant à l'alimentivité, et la lettre B à l'amour de la vie, organes douteux.

BIBLIOGRAPHIE PHRÉNOLOGIQUE.

GALL. *Lettre du docteur Gall à M. Joseph Fr. de Retzer, relativement à son prodrome sur les fonctions du cerveau chez l'homme et les animaux.* — Vienne, 1ᵉʳ octobre 1798.

Cette lettre a été traduite en français dans le journal de la Société phrénologique de Paris, en 1835, et reproduite en entier dans l'ouvrage de M. Fossati. — Paris, 1845 ; page 18.

— *Réponse aux attaques du professeur Ackermann contre la doctrine de Gall, etc.*, en allemand : *Beantwortung der ackermannschen Beurtheilung, etc.* — Halle, 1806.

— *Discours d'ouverture, par M. le docteur Gall, à la première séance de son cours public sur la physiologie du cerveau, le 15 janvier 1808.* — Paris, 1808 ; in-8º.

— *Recherches sur le système nerveux en général et celui du cerveau en particulier ; Mémoire présenté à l'Institut de France, le 14 mars 1808, suivi d'Observations sur le rapport qui en a été fait à cette compagnie par ses commissaires,* avec planches. — Paris, 1809.

— *Anatomie et physiologie du système nerveux en général et du cerveau en particulier, avec des observations sur la possibilité de reconnaître plusieurs dispositions intellectuelles et morales de l'homme et des animaux par la configuration de leurs têtes.* — Paris, 1810-1818 ; quatre volumes in-4º, avec atlas de cent pages.

On a extrait de ce grand ouvrage et imprimé à part un volume in-8º, sous le titre : *Des dispositions innées de l'âme et de l'esprit, etc.* — Paris, 1811 ; in-8º.

Gall et Spurzheim ont imprimé la traduction allemande de la première partie du grand ouvrage, sous le titre : *Anatomie und physiologie des Nerven-systems, etc.* — Paris, 1810 ; in-8º.

Gall. *Sur l'origine des qualités morales et des facultés intellec-*
tuelles de l'homme et sur les conditions de leur manifesta-
tion. — Paris, 1825; six volumes in-8º.

Cet ouvrage est la reproduction presque complète de
celui publié in-4º, moins l'anatomie et les planches.

Spurzheim. *Observations sur la phrénologie, ou la Connaissance*
de l'homme moral et intellectuel, fondée sur les fonctions du
système nerveux. — Paris, 1818; in-8º, avec six planches.

Spurzheim avait publié auparavant, en anglais, un ouvrage ayant pour titre : *The physiognomical system of*
doctors Gall and Spurzheim. In-8º. — London, 1815.

— *Observations sur la folie.* Un volume in-8º. — Paris, 1818,
avec deux planches.

— *Essai philosophique sur la nature morale et intellectuelle*
de l'homme. Un volume in-8º. — Paris, 1820.

— *Essai sur les principes élémentaires de l'éducation.* Un
volume in-8º. — Paris, 1822.

Aucun de ces ouvrages n'est remarquable ; on y trouve
cependant une systématisation plus philosophique que dans
ceux de Gall.

— *Outlines of the physiognomical system of doctors Gall and*
Spurzheim. In-12. — London, 1815.

— *Observations on the deranged manifestations of mind, or*
insanity. In-8º. — London, 1817.

— *Examination of the objections made in Britain, against the*
doctrines of Gall and Spurzheim. In-8º. — Edinburgh,
1817.

— *View of the elementary principles of education, founded on*
the study of the nature of man. In-12. — Edinburgh, 1827.
— Réimprimé avec de nombreuses additions. In-8º. —
Londres, 1828.

— *Phrenology, or the doctrine of the mind and of the relations*
between its manifestations and the body, avec quinze gra-
vures. In-8º. — Londres, 1825.

Spurzheim. *A view of the philosophical principles of phrenology.* In-8°. — Londres, 1825.

— *Phrenology in connexion with the study of physionomy*, première partie, caractères, avec trente-quatre planches. In-8°. — Londres, 1826.

— *The anatomy of the brain, with a general view of the nervous system.* In-8°, avec onze planches. — Londres, 1826.

— *Manuel de phrénologie.* In-12. — Paris, 1832.

C. H. E. Bischoff. *Exposition de la doctrine de Gall.* — Berlin, 1805. — Traduit en français par Barbeguière. — Paris, 1806.

 Cet ouvrage contient beaucoup d'inexactitudes.

Charles Villers. *Lettre à Georges Cuvier sur une nouvelle théorie du cerveau, par le docteur Gall.* In-8° de quatre-vingt-deux pages, avec deux planches. — Metz, 1802.

 Ce même écrivain a donné un exposé de la doctrine de Kant.

J. B. Demangeon. *Physiologie intellectuelle*, ou *Développement de la doctrine du professeur Gall sur le cerveau et ses fonctions, considérées sous le rapport de l'anatomie comparée, de l'histoire naturelle, de l'éducation, de la morale, de la physionomie, etc.* Un volume in-8°, avec planches, troisième édition. — Paris, 1843.

 Ouvrage rempli d'érudition. Il y a eu trois éditions : la première en 1807, la seconde en 1808, la troisième en 1843, avec additions.

Adelon. *Analyse d'un cours du docteur Gall*, ou *Anatomie et physiologie du cerveau, d'après son système.* — Paris, 1808 ; in-8°.

 Cet ouvrage est la réunion de plusieurs articles sur le même sujet publiés en 1807 dans la *Gazette de France*.

Nacquart. *Traité de la nouvelle physiologie du cerveau*, ou *Exposition de la doctrine de Gall sur la structure et les fonctions de cet organe.* In-8°. — Paris, 1808.

Otto *Traité de phrénologie.* — Copenhague, 1825 ; in-8°.

> Ce savant professeur a aussi publié un journal sur la même doctrine ; il est écrit en danois.

J. Fossati. *De la nécessité d'étudier une nouvelle doctrine avant de la juger, etc.* — Paris, 1827.

— *De l'influence de la physiologie intellectuelle sur les sciences, la littérature et les arts.* — Paris, 1828.

— *De la mission du philosophe au dix-neuvième siècle et du caractère qui lui est nécessaire.*

— *Nouveau manuel de phrénologie*, traduit de l'anglais de G. Combe, avec de nombreuses additions. Un volume in-12. — Paris, 1836.

— *Manuel pratique de phrénologie, ou Physiologie du cerveau, d'après les doctrines de Gall, de Spurzheim, de Combe et des autres phrénologistes.* Un volume in-12, avec planches et portraits. — Paris, 1845.

Georges Combe. *Esquisse de phrénologie* (Outlines of phrenology). publiée dans les *Transactions de la Société phrénologique.* — Londres, 1824.

— *Éléments de phrénologie.* Un volume in-12, troisième édition, 1828.

— *Système de phrénologie.* Un volume in-8°, troisième édition, 1830.

— *Essai sur la constitution de l'homme, considérée dans ses rapports avec les objets extérieurs.* Un volume in-8°, traduit en français par R. Dumont. — Paris, 1834.

— *Leçons de phrénologie faites à New-York en 1839*, publiées en un volume, par André Boardman, secrétaire de la Société phrénologique de cette ville.

J. Vimont. *Traité de phrénologie humaine et comparée, accompagné d'un magnifique atlas grand in-folio de cent vingt pages, contenant plus de six cent vingt sujets d'anatomie humaine et comparée.* — Paris, 1833 et 1835; deux volumes in-4°. Il y a un texte en français et un autre en anglais.

M. Vimont, riche d'un nombre infini d'observations comparatives recueillies pendant plus de dix années avec une persévérance et une perspicacité rares, a entrepris d'accomplir la tâche si difficile que Gall avait à peine ébauchée, et il a réussi. On comprendra toute l'immensité de ce travail, quand on saura que dès l'année 1827 l'auteur en présenta quelques fragments à l'Institut, accompagnés de deux mille cinq cents têtes d'animaux différents de classe, d'ordre, de genres et d'espèces; parmi ces têtes, quinze cents avaient appartenu à des animaux dont les mœurs lui étaient parfaitement connues. En outre, quatre cents cerveaux en cire, moulés sur nature, et plus de trois cents figures de sujets d'anatomie comparée du système nerveux cérébral et de son enveloppe osseuse : cette collection est, jusqu'à présent, unique dans la science.

R. W. Haskins. *History and progress of phrenology.* Un volume in-12. — Buffalo et New-York, 1839.

J. Stanley Grimes. *A new system of phrenology.* Un volume in-12. Buffalo et New-York, 1839.

Sarlandière. *Traité du système nerveux dans l'état actuel de la science.* Un volume in-8°, avec six planches. — Paris, 1840.

Bailly, de Blois. *Recherches d'anatomie et de physiologie comparées du système nerveux dans les quatre classes d'animaux vertébrés;* lues à l'Académie des sciences dans sa séance du 22 décembre 1823.

— *De l'existence de Dieu et de la liberté morale, démontrées par des arguments tirés de la doctrine de Gall.* In-8° de cinquante-six pages. — Paris, 1824.

Bailly, de Blois. Deux Mémoires sur l'anatomie phrénologique insérés dans le *Journal de la Société phrénologique de Paris*, 1833-1835.

H. Scoutetten. *Cours de phrénologie.* Un volume in-8°, avec deux planches. — Metz, 1834.

> C'est le résumé des leçons publiques de phrénologie faites dans le grand salon de l'hôtel de Ville.

F. J. V. Broussais. *Cours de phrénologie.* Un volume in-8° de huit cent cinquante pages. — Paris, 1836.

> Ce cours, professé à la faculté de médecine, fit grande sensation dans Paris; il fut l'occasion de la publication de l'important ouvrage que nous indiquons.

Lebeau. *Traité complet de phrénologie,* traduit de l'anglais, avec des notes, par Lebeau, médecin de S. M. le roi des Belges, 1844. Deux volumes, avec cent deux planches.

Pierre Béraud. *De la phrénologie humaine appliquée à la philosophie.* Un volume in-8°. — Paris, 1848.

Caldwel a publié en Amérique, depuis vingt ans, une foule de brochures sur la phrénologie.

JOURNAUX.

En 1820, à Édimbourg, MM. Georges et André Combe, et le révérend docteur Welsh, fondaient la première Société phrénologique. Cette Société publia, peu de temps après, un volume de *Transactions* et un journal phrénologique *(Edinburgh phrenological journal)*.

En France, en 1831, on constituait la Société phrénologique de Paris. MM. Foissac, Sarlandière, Bailly, Casimir Broussais, Richard, Voisin, Bouillaud, Mège, Debout, Place, Belhomme, Dumoutier, etc., furent les premiers fondateurs. Cette Société publia bientôt un journal spécial intitulé : *Journal de la Société phrénologique de Paris*, 1832.

En 1825, M. le professeur Otto créa, à Copenhague, un journal de phrénologie.

En Allemagne, MM. G. de Streuve et le docteur Ed. Hirschfeld publient un journal phrénologique à Heidelberg. — Il en existe plusieurs en Amérique, et, en 1849, M. Pierre Béraud a publié, à Paris, un nouveau journal intitulé : *La Phrénologie*.

Les adversaires de la phrénologie ont publié plusieurs ouvrages ; voici les principaux :

F. Bérard. *Doctrine des rapports du physique et du moral, pour servir de fondement à la physiologie dite intellectuelle et à la métaphysique.* Un volume in-8°. — Paris, 1823.

Lélut. *Examen comparatif de la longueur et de la largeur du crâne chez les voleurs-homicides.* Mémoire inséré dans le *Journal universel et hebdomadaire de médecine.* — Janvier 1831.

— *Du poids du cerveau considéré dans ses rapports avec le développement de l'intelligence.* Mémoire inséré dans la *Gazette médicale de Paris.* — 11 mars 1837.

— *De l'organe phrénologique de la destruction chez les animaux,* ou *Examen de cette question : Les animaux carnassiers ou féroces ont-ils, à l'endroit des tempes, le cerveau, et par suite le crâne, plus large, proportionnellement à sa longueur, que ne l'ont les animaux d'une nature opposée?* In-8° de quatre-vingt-dix pages, avec une planche. — Paris, 1838.

— *Qu'est-ce que la phrénologie?* ou *Essai sur la signification et la valeur des systèmes de psycologie en général et de celui de Gall en particulier.* — Paris, 1836 ; un volume in-8°.

— *La Phrénologie, son histoire, ses systèmes et sa condamnation.* — Paris, 1858 ; deuxième édition, un volume in-12, avec planches.

Cet ouvrage est la reproduction développée du précédent.

J. Lafargue. *Appréciation de la doctrine phrénologique des localisations au moyen de l'anatomie comparée.* Mémoire inséré dans les *Archives générales de médecine.* — Mars, avril, juin 1838.

Bouvier. *Mémoire sur la forme générale du crâne, dans ses rapports avec le développement de l'intelligence.* Mémoire inséré dans le *Bulletin de l'Académie royale de médecine,* tome III, page 717, in-8°. 1839, avec planche.

Leuret. *Anatomie comparée du système nerveux considéré dans ses rapports avec l'intelligence.* Deux volumes in-8°. — Paris, 1839.

Garnier (Adolphe). *La Psycologie et la Phrénologie comparées.* Un volume. — Paris, 1839.

Cet ouvrage est écrit par un professeur de philosophie à la faculté des lettres de Paris.

Dubois, d'Amiens. *Examen de la doctrine de Gall.* Un volume in-8°. — Paris, 1842.

P. Flourens. *Examen de la phrénologie.* Un volume in-12, troisième édition, 1851. La première a paru en 1842, la seconde en 1845.

Cet ouvrage ne renferme que quatre-vingts pages consacrées à l'examen de la question ; les autres traitent de la folie.

Metz. — Imp. F. Blanc.

OUVRAGES DU MÊME AUTEUR

L'OZONE, ou Recherches chimiques, météorologiques, physiologiques et médicales sur l'oxygène électrisé; un volume in-12, avec six tableaux et une planche coloriée.

LA MÉTHODE OVALAIRE, ou nouvelle Méthode pour amputer dans les articulations, avec onze planches lithographiées; in-4º. — Paris, 1827, chez J. B. Ballière.

Ouvrage traduit en plusieurs langues étrangères. La deuxième traduction allemande est enrichie d'une préface du célèbre professeur Græfe, de Berlin.

RELATION HISTORIQUE et médicale de l'épidémie de choléra qui a régné à Berlin en 1831; 3e édition.

Ouvrage auquel l'Institut de France a décerné, en 1833, un prix d'encouragement de 1000 francs.

MÉMOIRE sur la Cure radicale des pieds-bots, avec six planches; in-8º. — Paris, 1838.

Ouvrage traduit en plusieurs langues étrangères : en Italie, par le docteur Omodei, de Milan; en Allemagne, par le professeur W. Walther, de Leipsig; en Amérique, par le docteur J. Campbell Stewart, de Philadelphie.

RAPPORT SUR L'HYDROTHÉRAPIE, adressé à M. le Maréchal Ministre de la guerre, après un voyage en Allemagne; in-8º.

DE L'EAU, sous le rapport hygiénique et médical, ou de l'Hydrothérapie; un volume in-8º. — Paris, 1843.

Une traduction de cet ouvrage, en hollandais, a été faite dans l'Inde, à Batavia, par le docteur F. A. C. Waitz, 1848.

HISTOIRE DU CHLOROFORME ET DE L'ANESTHÉSIE en général. — Metz, 1853; in-8º.

METZ. — IMP. F. BLANC.